1+X 职业技能鉴定考核指导手册

中式面点师

（第2版）

四级

编审委员会

主　任　仇朝东

委　员　葛恒双　顾卫东　宋志宏　杨武星　孙兴旺　刘汉成　葛　玮

执行委员　孙兴旺　张鸿樑　李　晔　瞿伟洁

中国劳动社会保障出版社

图书在版编目(CIP)数据

中式面点师：四级/上海市职业技能鉴定中心组织编写．—2 版．—北京：中国劳动社会保障出版社，2013

1+X 职业技能鉴定考核指导手册

ISBN 978-7-5167-0150-8

Ⅰ.①中… Ⅱ.①上… Ⅲ.①面食-制作-中国-职业技能-鉴定-自学参考资料 Ⅳ.①TS972.13

中国版本图书馆 CIP 数据核字(2013)第 022946 号

中国劳动社会保障出版社出版发行

（北京市惠新东街 1 号　邮政编码：100029）

出 版 人：张梦欣

*

三河市华骏印务包装有限公司印刷装订　新华书店经销

787 毫米×960 毫米　16 开本　11.25 印张　183 千字

2013 年 1 月第 2 版　2019 年 11 月第 5 次印刷

定价：24.00 元

读者服务部电话：（010）64929211/84209101/64921644

营销中心电话：（010）64962347

出版社网址：http://www.class.com.cn

改版说明

1＋X职业技能鉴定考核指导手册《中式面点师（四级）》自2009年出版以来深受从业人员的欢迎，在中式面点师（四级）职业资格鉴定、职业技能培训和岗位培训中发挥了很大的作用。

随着我国科技进步、产业结构调整、市场经济的不断发展，新的国家和行业标准的相继颁布和实施，对中式面点师（四级）的职业技能提出了新的要求。2011年上海市职业技能鉴定中心组织有关方面的专家和技术人员，对中式面点师（四级）的鉴定考核题库进行了提升，已于2012年10月公布使用，并按照新的中式面点师（四级）职业技能鉴定考核题库对指导手册进行了改版，以便更好地为参加培训鉴定的学员和广大从业人员服务。

前　言

职业资格证书制度的推行，对广大劳动者系统地学习相关职业的知识和技能，提高就业能力、工作能力和职业转换能力有着重要的作用和意义，也为企业合理用工以及劳动者自主择业提供了依据。

随着我国科技进步、产业结构调整以及市场经济的不断发展，特别是加入世界贸易组织以后，各种新兴职业不断涌现，传统职业的知识和技术也愈来愈多地融进当代新知识、新技术、新工艺的内容。为适应新形势的发展，优化劳动力素质，上海市人力资源和社会保障局在提升职业标准、完善技能鉴定方面做了积极的探索和尝试，推出了1+X培训鉴定模式。1+X中的1代表国家职业标准，X是为适应上海市经济发展的需要，对职业标准进行的提升，包括了对职业的部分知识和技能要求进行的扩充和更新。上海市1+X的培训鉴定模式，得到了国家人力资源和社会保障部的肯定。

为配合上海市开展的1+X培训与鉴定考核的需要，使广大职业培训鉴定领域专家以及参加职业培训鉴定的考生对考核内容和具体考核要求有一个全面的了解，人力资源和社会保障部教材办公室、中国就业培训技术指导中心上海分中心、上海市职业技能鉴定中心联合组织有关方面的专家、技术人员共同编写了《1+X职业技能鉴定考核指导手册》。该手册由“理论知识复习题”“操作技能复习题”和“理论知识模拟试卷及操作技能模拟试卷”三大块内容组成，书中介绍了题库的命题依据、试卷结构和题型题量，同时从上海市1+X鉴定题库中抽取部分理论知识试题、操作技能试题和模拟样卷供考生参考和练习，便于考生能够有针对性地进行考前复习准备。今后我们会随着国家职业标准以及鉴定题库的提升，逐步对手册内容进行补充和完善。

本系列手册在编写过程中，得到了有关专家和技术人员的大力支持，在此一并表示感谢。

由于时间仓促，缺乏经验，如有不足之处，恳请各使用单位和个人提出宝贵意见和建议。

1+X职业技能鉴定考核指导手册
编审委员会

目　录

CONTENTS　1+X职业技能鉴定考核指导手册

中式面点师职业简介 ……………………………………………………（1）

第1部分　中式面点师（四级）鉴定方案 ……………………………（2）

第2部分　鉴定要素细目表 ……………………………………………（4）

第3部分　理论知识复习题 ……………………………………………（18）

中式面点的地位、作用及分类 ………………………………………（18）

食品营养与卫生 ………………………………………………………（20）

面点成本核算 …………………………………………………………（27）

面点的原物料 …………………………………………………………（29）

面点主坯工艺原理 ……………………………………………………（39）

馅心制作技术 …………………………………………………………（44）

面点成形技术 …………………………………………………………（46）

面点成熟技术 …………………………………………………………（48）

面点风味特色 …………………………………………………………（50）

面点原料保管……………………………………………………………………………（51）

面点管理…………………………………………………………………………………（54）

第4部分　操作技能复习题 ……………………………………………………………（59）

制皮………………………………………………………………………………………（59）

制馅心……………………………………………………………………………………（59）

水调面团类点心制作……………………………………………………………………（59）

膨松面团类点心制作……………………………………………………………………（77）

油酥面团类点心制作……………………………………………………………………（98）

米粉、澄粉面团类点心制作……………………………………………………………（115）

第5部分　理论知识考试模拟试卷及答案 ……………………………………………（133）

第6部分　操作技能考核模拟试卷 ……………………………………………………（150）

中式面点师职业简介

一、职业名称

中式面点师。

二、职业定义

运用中国传统的或现代的成形技术和成熟方法，对面点的主料和辅料进行加工，制成具有中国风味的面食或小吃的人员。

三、主要工作内容

从事的主要工作内容有：(1) 中式面点制作的选料和配料；(2) 馅心制作；(3) 面团调制；(4) 制品成形；(5) 制品成熟。

第1部分

中式面点师（四级）鉴定方案

一、鉴定方式

中式面点师（四级）的鉴定方式分为理论知识考试和操作技能考核。理论知识考试采用闭卷计算机机考方式，操作技能考核采用现场实际操作方式。理论知识考试和操作技能考核均实行百分制，成绩皆达60分及以上者为合格。理论知识或操作技能不及格者可按规定分别补考。

二、理论知识考试方案（考试时间90 min）

题库参数 / 题型	考试方式	鉴定题量	分值（分/题）	配分（分）
判断题	机考	60	0.5	30
单项选择题		140	0.5	70
小计	—	200	—	100

三、操作技能考核方案

考核项目表

职业（工种）		中式面点师		等级	四　　级		
职业代码							
序号	项目名称	单元编号	单元内容	考核方式	选考方法	考核时间（min）	配分（分）
1	制皮	1	擀烧卖皮	操作	必考	150	10
2	制馅心	1	炒制三丝馅	操作	必考		10
3	水调面团类点心制作	1	温水面团类点心制作（自带馅）	操作	抽一		20
		2	热水面团类点心制作（自带馅）	操作			
4	膨松面团类点心制作	1	生物膨松面团类点心制作（自带馅）	操作	必考		20
5	油酥面团类点心制作	1	暗酥制品类点心制作（自带馅）	操作	必考		20
6	米粉、澄粉面团类点心制作	1	米粉面团类点心制作（自带馅）	操作	抽一		20
		2	澄粉面团类点心制作（自带馅）	操作			
合计						150	100
备注	考试时限 150 min。原料自带，考场备基本调味，自备特殊调味						

第2部分

鉴定要素细目表

职业（工种）名称					中式面点师	等级	四级
职业代码							
序号	鉴定点代码				鉴定点内容		备注
	章	节	目	点			
	1				中式面点的地位、作用及分类		
	1	1			中式面点的地位		
	1	1	1		饮食业的组成部分		
1	1	1	1	1	饮食业的组成部分		
	1	2			中式面点的作用		
	1	2	1		面点与菜肴的联系		
2	1	2	1	1	面点经营的独立性		
3	1	2	1	2	日常生活的必需品		
4	1	2	1	3	方便食用		
	1	3			中式面点的分类		
	1	3	1		麦类制品		
5	1	3	1	1	水调面团		
6	1	3	1	2	膨松面团		
7	1	3	1	3	油酥面团		
	1	3	2		米类制品		
8	1	3	2	1	籼米		
9	1	3	2	2	粳米		

续表

职业（工种）名称					中式面点师	等级	四级
职业代码							
序号	鉴定点代码				鉴定点内容		备注
	章	节	目	点			
10	1	3	2	3	糯米		
	1	3	3		米粉制品		
11	1	3	3	1	籼米粉		
12	1	3	3	2	粳米粉		
13	1	3	3	3	糯米粉		
14	1	3	3	4	杂粮和其他原料制品		
	2				食品营养与卫生		
	2	1			食品营养		
	2	1	1		营养素		
15	2	1	1	1	营养素的功用		
	2	1	2		蛋白质		
16	2	1	2	1	蛋白质的组成		
17	2	1	2	2	蛋白质的分类		
18	2	1	2	3	蛋白质中人体必需的八种氨基酸		
19	2	1	2	4	蛋白质的生理功用		
20	2	1	2	5	蛋白质的互补作用		
21	2	1	2	6	蛋白质的食物来源及供给量		
	2	1	3		维生素		
22	2	1	3	1	维生素的特点		
23	2	1	3	2	维生素的分类		
24	2	1	3	3	几种易缺乏的维生素及生理功用		
25	2	1	3	4	维生素 A 和维生素 D		
26	2	1	3	5	维生素 B_1、B_2		
27	2	1	3	6	维生素 PP 和维生素 C		
	2	1	4		脂肪		
28	2	1	4	1	脂肪的组成		

续表

职业（工种）名称					中式面点师	等级	四级
职业代码							
序号	鉴定点代码				鉴定点内容	备注	
	章	节	目	点			
29	2	1	4	2	脂肪的分类		
30	2	1	4	3	脂肪的生理功用		
31	2	1	4	4	脂肪的食物来源及供给量		
	2	1	5		糖类		
32	2	1	5	1	糖类的组成		
33	2	1	5	2	糖类的分类		
34	2	1	5	3	糖类的生理功用		
35	2	1	5	4	糖类的食物来源及供给量		
	2	1	6		水		
36	2	1	6	1	水的生理功用		
37	2	1	6	2	水的食物来源及需要量		
	2	2			食品卫生		
	2	2	1		食物中毒的概念及原因		
38	2	2	1	1	食物中毒的概念		
39	2	2	1	2	食物中毒的原因		
	2	2	2		食物中毒的特点		
40	2	2	2	1	潜伏期特征		
41	2	2	2	2	中毒的症状		
42	2	2	2	3	致病食物		
	2	2	3		食物中毒的分类		
43	2	2	3	1	细菌性食物中毒		
44	2	2	3	2	有毒的动植物中毒		
45	2	2	3	3	化学性食物中毒		
46	2	2	3	4	霉菌性食物中毒		
	2	2	4		食物中毒的预防		
47	2	2	4	1	防止污染		

续表

职业（工种）名称					中式面点师	等级	四级
职业代码							
序号	鉴定点代码				鉴定点内容	备注	
	章	节	目	点			
48	2	2	4	2	控制细菌繁殖		
49	2	2	4	3	杀灭病原菌		
50	2	2	4	4	加强卫生宣传		
51	2	2	4	5	做好农药、化学品的保管和使用		
52	2	2	4	6	加强食品保管		
	3				面点成本核算		
	3	1			配套点心、编组宴席点心的成本核算		
	3	1	1		配套点心		
53	3	1	1	1	配套点心的一般方法		
54	3	1	1	2	季节性点心的配套		
55	3	1	1	3	配套点心的成本核算		
	3	1	2		编组宴席点心		
56	3	1	2	1	编组宴席点心的成本核算		
	3	1	3		面点销售价格的核算		
57	3	1	3	1	面点价格的构成		
58	3	1	3	2	面点价格的计算		
	4				面点的原物料		
	4	1			主坯原料		
	4	1	1		稻米		
59	4	1	1	1	稻米的主要化学成分		
	4	1	2		我国优质稻米的种类		
60	4	1	2	1	小站稻		
61	4	1	2	2	马坝油粘米		
62	4	1	2	3	桃花米		
63	4	1	2	4	香粳稻		
64	4	1	2	5	万年贡米		

续表

职业（工种）名称					中式面点师	等级	四级
职业代码							
序号	鉴定点代码				鉴定点内容		备注
	章	节	目	点			
	4	2			麦类与面粉的种类		
	4	2	1		麦类		
65	4	2	1	1	麦类的结构		
66	4	2	1	2	麦类的主要化学成分		
	4	2	2		面粉		
67	4	2	2	1	特制粉		
68	4	2	2	2	标准粉		
69	4	2	2	3	普通粉		
70	4	2	2	4	各种专用小麦粉		
71	4	2	2	5	面粉中糖类的主要作用		
72	4	2	2	6	面粉中蛋白质的主要作用		
	4	2	3		面点制作常用的淀粉类原料		
73	4	2	3	1	粮食类淀粉		
74	4	2	3	2	薯类淀粉		
75	4	2	3	3	豆类淀粉		
76	4	2	3	4	蔬菜类淀粉		
	4	2	4		面点制作常用的杂粮类原料		
77	4	2	4	1	豆		
78	4	2	4	2	玉米		
79	4	2	4	3	高粱		
80	4	2	4	4	小米		
81	4	2	4	5	黑米		
82	4	2	4	6	荞麦		
83	4	2	4	7	莜麦		
84	4	2	4	8	甘薯		
85	4	2	4	9	青稞		

续表

职业（工种）名称					中式面点师	等级	四级
职业代码							
序号	鉴定点代码				鉴定点内容		备注
	章	节	目	点			
86	4	2	4	10	木薯		
87	4	2	4	11	薏米		
	4	3			制馅原料		
	4	3	1		荤菜类		
88	4	3	1	1	畜类		
89	4	3	1	2	禽类		
	4	3	2		水产、海鲜类		
90	4	3	2	1	鱼类		
91	4	3	2	2	虾类		
92	4	3	2	3	蟹类		
93	4	3	2	4	海参		
94	4	3	2	5	海米		
95	4	3	2	6	干贝		
	4	3	3		蔬菜及豆类		
96	4	3	3	1	鲜菜类		
97	4	3	3	2	干菜类		
98	4	3	3	3	豆及豆制品类		
	4	3	4		干果类		
99	4	3	4	1	红枣、莲子		
100	4	3	4	2	五仁		
101	4	3	4	3	白果、腰果		
102	4	3	4	4	榛子、板栗		
	4	3	5		水果花草类		
103	4	3	5	1	鲜水果		
104	4	3	5	2	蜜饯类		
105	4	3	5	3	鲜花类		

续表

职业（工种）名称					中式面点师	等级	四级
职业代码							
序号	鉴定点代码				鉴定点内容		备注
	章	节	目	点			
	4	3	6		凝冻类		
106	4	3	6	1	琼脂		
107	4	3	6	2	明胶		
	4	3	7		辅助原料		
108	4	3	7	1	蔗糖的分类及特点		
109	4	3	7	2	蔗糖在面点中的作用		
110	4	3	7	3	饴糖在面点中的作用		
111	4	3	7	4	蜂蜜在面点中的作用		
112	4	3	7	5	盐的分类		
113	4	3	7	6	盐在面点中的作用		
114	4	3	7	7	油脂的分类及特点		
115	4	3	7	8	油脂在面点中的作用		
	4	3	8		其他原料		
116	4	3	8	1	牛乳及其制品的分类与特点		
117	4	3	8	2	牛乳及其制品的作用		
118	4	3	8	3	鲜蛋的物理性质与运用		
119	4	3	8	4	化学膨松剂		
120	4	3	8	5	生物膨松剂		
	4	3	9		调味原料		
121	4	3	9	1	常用的调味原料		
	5				面点主坯工艺原理		
	5	1			主坯的分类		
	5	1	1		面点主坯的三种分类方法		
122	5	1	1	1	按原料的种类分类		
123	5	1	1	2	按形成的形态分类		
124	5	1	1	3	按主坯的属性分类		

续表

职业（工种）名称					中式面点师	等级	四级
职业代码							
序号	鉴定点代码				鉴定点内容	备注	
	章	节	目	点			
	5	2			主坯特性的形成原理		
	5	2	1		水原性主坯特性的形成		
125	5	2	1	1	淀粉的物理性质		
126	5	2	1	2	蛋白质的物理性质		
	5	2	2		水调面团及其制品的特点		
127	5	2	2	1	冷水面团特点		
128	5	2	2	2	热水面团特点		
129	5	2	2	3	温水面团特点		
	5	2	3		膨松性主坯特性的形成		
130	5	2	3	1	主坯膨松必备的基本条件		
131	5	2	3	2	酵母膨松法的基本原理		
132	5	2	3	3	化学膨松法的基本原理		
133	5	2	3	4	物理膨松法的基本原理		
134	5	2	3	5	膨松性主坯成品的特点		
	5	2	4		油酥性主坯特性的形成		
135	5	2	4	1	干油酥松散性原理		
136	5	2	4	2	水油面松脆性原理		
137	5	2	4	3	层酥形成的原理		
138	5	2	4	4	层酥的分类及成品的特点		
	5	2	5		米及米粉面主坯工艺		
139	5	2	5	1	饭皮制作工艺		
140	5	2	5	2	米粉面主坯工艺		
	5	2	6		主坯制作的工艺流程及质量标准		
141	5	2	6	1	主坯工艺流程的配料工艺		
142	5	2	6	2	水原性主坯的工艺流程		
143	5	2	6	3	膨松性主坯的工艺流程		

续表

职业（工种）名称					中式面点师	等级	四级
职业代码							
序号	鉴定点代码				鉴定点内容	备注	
	章	节	目	点			
144	5	2	6	4	层酥性主坯的工艺流程		
145	5	2	6	5	主坯的质量标准		
	6				馅心制作技术		
	6	1			制馅的作用		
	6	1	1		制馅的作用		
146	6	1	1	1	体现面点的口味		
147	6	1	1	2	影响面点的形态		
148	6	1	1	3	形成面点的特色		
149	6	1	1	4	使面点品种多样化		
	6	2			咸馅心的分类及制作方法		
	6	2	1		咸馅心的分类		
150	6	2	1	1	生咸馅、熟咸馅		
	6	2	2		咸馅心的制作方法		
151	6	2	2	1	生咸馅制作		
152	6	2	2	2	熟咸馅制作		
	6	3			甜馅心的分类及制作方法		
	6	3	1		甜馅心的分类		
153	6	3	1	1	生甜馅、熟甜馅		
	6	3	2		甜馅心的制作方法		
154	6	3	2	1	生甜馅制作		
155	6	3	2	2	熟甜馅制作		
	6	4			复合味馅心的制作方法		
	6	4	1		复合味馅心的制作方法		
156	6	4	1	1	甜咸味馅制作		
157	6	4	1	2	椒盐味馅制作		
	7				面点成形技术		

续表

职业（工种）名称					中式面点师	等级	四级
职业代码							
序号	鉴定点代码				鉴定点内容		备注
	章	节	目	点			
	7	1			面点成形的分类		
	7	1	1		面点成形的分类		
158	7	1	1	1	搓、切、卷、包、捏		
159	7	1	1	2	擀、叠、摊、抻、拧		
160	7	1	1	3	按、钳、剪、削、拔		
161	7	1	1	4	滚粘、镶嵌、形模		
	7	2			成形方法的运用		
	7	2	1		“捏”成形法		
162	7	2	1	1	一般捏法		
163	7	2	1	2	花式捏法		
	7	2	2		“摊”成形法		
164	7	2	2	1	煎饼制作法		
165	7	2	2	2	春卷皮制作法		
	7	2	3		“按”和“拧”成形法		
166	7	2	3	1	“按”成形法		
167	7	2	3	2	“拧”成形法		
	8				面点成熟技术		
	8	1			面点成熟		
	8	1	1		加热温度的运用		
168	8	1	1	1	火力的大小		
169	8	1	1	2	加热的方法		
170	8	1	1	3	人为控制因素		
	8	1	2		热能传递的方式		
171	8	1	2	1	传导、对流、辐射		
	8	2			单一加热法与复合加热法的运用		
	8	2	1		单一加热法		

续表

职业（工种）名称					中式面点师	等级	四级
职业代码							
序号	鉴定点代码				鉴定点内容		备注
	章	节	目	点			
172	8	2	1	1	烙		
173	8	2	1	2	烤		
174	8	2	1	3	煎		
	8	2	2		复合加热法		
175	8	2	2	1	先蒸或煮，再煎或炸		
	9				面点风味特色		
	9	1			广式面点		
	9	1	1		广式面点的特点及品种		
176	9	1	1	1	广式面点的特点		
177	9	1	1	2	广式面点的代表品种		
	9	2			苏式面点		
	9	2	1		苏式面点的特点及品种		
178	9	2	1	1	苏式面点的特点		
179	9	2	1	2	苏式面点的代表品种		
	9	3			京式面点		
	9	3	1		京式面点的特点及品种		
180	9	3	1	1	京式面点的特点		
181	9	3	1	2	京式面点的代表品种		
	9	4			川式面点		
	9	4	1		川式面点的特点及品种		
182	9	4	1	1	川式面点的特点		
183	9	4	1	2	川式面点的代表品种		
	10				面点原料保管		
	10	1			原料质变的因素及保管		
	10	1	1		原料质变的因素		
184	10	1	1	1	引起原料质变的物理因素		

续表

职业（工种）名称					中式面点师	等级	四级
职业代码							
序号	鉴定点代码				鉴定点内容	备注	
	章	节	目	点			
185	10	1	1	2	引起原料质变的化学因素		
186	10	1	1	3	引起原料质变的生物学因素		
	10	1	2		储粮保管的影响因素		
187	10	1	2	1	温度对储粮的影响		
188	10	1	2	2	湿度对储粮的影响		
	10	1	3		馅心原料的保管		
189	10	1	3	1	肉类的保管		
190	10	1	3	2	活鲜水产品的保管		
191	10	1	3	3	蔬果的保管		
192	10	1	3	4	干货制品的保管		
	10	1	4		辅助原料的保管		
193	10	1	4	1	食用油脂的保管		
194	10	1	4	2	食糖的保管		
195	10	1	4	3	食盐的保管		
196	10	1	4	4	鲜蛋的保管		
197	10	1	4	5	食品添加剂的保管		
	10	2			面点原料保管方法		
	10	2	1		温度保藏法		
198	10	2	1	1	低温保藏法		
199	10	2	1	2	高温保藏法		
	10	2	2		其他保藏法		
200	10	2	2	1	脱水保藏法		
201	10	2	2	2	密封保藏法		
202	10	2	2	3	腌汁保藏法		
203	10	2	2	4	烟熏和防腐剂保藏法		
	11				面点管理		

续表

职业（工种）名称					中式面点师	等级	四级
职业代码							
序号	鉴定点代码				鉴定点内容	备注	
	章	节	目	点			
	11	1			厨房管理知识		
	11	1	1		原料的管理		
204	11	1	1	1	以销定进		
205	11	1	1	2	掌握产销动态		
206	11	1	1	3	建立验收制度		
	11	1	2		生产管理		
207	11	1	2	1	生产流程管理		
208	11	1	2	2	生产卫生管理		
209	11	1	2	3	生产安全管理		
	11	2			茶点服务与宴会服务		
	11	2	1		茶点服务的特点与要求		
210	11	2	1	1	时间灵活、形式自由		
211	11	2	1	2	品种多样、甜点为主		
212	11	2	1	3	规格较小、方便食用		
	11	2	2		茶点服务的形式		
213	11	2	2	1	立式服务		
214	11	2	2	2	坐式服务		
	11	2	3		宴会服务		
215	11	2	3	1	国宴		
216	11	2	3	2	正式宴会		
217	11	2	3	3	便宴		
218	11	2	3	4	冷餐会		
	11	3			面点美术知识		
	11	3	1		美术基础知识		
219	11	3	1	1	艺术与造型艺术		
220	11	3	1	2	色彩术语		

续表

职业（工种）名称					中式面点师	等级	四级
职业代码							
序号	鉴定点代码				鉴定点内容	备注	
	章	节	目	点			
	11	3	2		面点类学		
221	11	3	2	1	图案的对称		
222	11	3	2	2	色彩的对比度		
223	11	3	2	3	烹饪美学的概念		
224	11	3	2	4	烹饪美学的特点		
225	11	3	2	5	装饰点心的基本特征		
226	11	3	2	6	装饰点心构图方法的运用		

第3部分

理论知识复习题

中式面点的地位、作用及分类

一、判断题（将判断结果填入括号中。正确的填“√”，错误的填“×”）

1. 餐饮业的经营主要有两个部分：一是烹调，二是面点。（ ）

2. 面点离开烹调可以单独经营。（ ）

3. 超市里供应的速冻食品大多是菜肴。（ ）

4. 糯米，我国北方人又称元米、粘米。（ ）

5. 米粉面团不能做发酵粉团品种。（ ）

6. 糯米粉是制作精美糕、团的粉类。（ ）

7. 豆类制品操作工艺较为复杂，必须经过一定的初步加工处理。（ ）

二、单项选择题（选择一个正确的答案，将相应的字母填入题内的括号中）

1. 面点和烹调是密切关联、互相（ ）、不可分割的。

A. 联系　B. 配合　C. 补充　D. 帮助

2. 面点在餐饮业中占有重要的（ ）和作用。

A. 地方　B. 位置

C. 地位　D. 以上选项均不正确

3. 人的一日三餐中，早餐主食就是由（ ）组成。

A. 面点　B. 菜肴　C. 巧克力　D. 水果

4. 无锡“王星记”经营的（　）全国闻名。

A. 水饺　　B. 馄饨　　C. 面　　D. 烧饼

5. 上海五芳斋以经营（　）而著名。

A. 粽子　　B. 馒头　　C. 小笼　　D. 汤包

6. 面点制品是人们生活必需的，它具有较高的（　）价值。

A. 营养　　B. 食用　　C. 使用　　D. 观赏

8. 吃北京烤鸭，除了跟甜面酱，还要跟上（　）等。

A. 炒菜　　B. 热酒　　C. 白酒　　D. 荷叶饼

9. 冷水面团的水温控制在（　）℃以下。

A. 30　　B. 20　　C. 40　　D. 50

10. 用面肥膨松的面团中，必须加入（　）才能制作成品。

A. 矾　　B. 盐　　C. 碱　　D. 泡打粉

11. 用矾、碱、盐调制的面团，也属于（　）面团。

A. 物理膨松　　B. 化学膨松　　C. 酵母菌膨松　　D. 酵种膨松

12. 蛋糕是用（　）调制的面团，属于物理膨松法。

A. 蛋泡　　B. 盐　　C. 糖　　D. 酵母菌

13. 层酥制品必须由油酥面、（　）两块面团组成。

A. 水油面　　B. 烫面　　C. 冷水面　　D. 米粉面

14. 层酥制品色泽美观、入口酥化、品种繁多，常用来制作（　）。

A. 小吃点心　　B. 湿点　　C. 早餐点心　　D. 精致美点

15. 籼米吃口较硬，一般出饭率（　）。

A. 较高　　B. 较低　　C. 不高　　D. 不低

16. 粮农种植籼米，一年可产（　）稻，产量较高。

A. 一季　　B. 二季　　C. 三季　　D. 四季

17. 扬州炒饭采用（　）产的优质粳米。

A. 淮南　　B. 淮北　　C. 苏州　　D. 苏北

18. 做粢饭糕，一般采用米类中的（　）。

A. 糯米　　B. 籼米　　C. 小米　　D. 粳米

19. 用糯米做成的镶嵌成形品种有粽子、（　　）等。

A. 炒饭　　B. 八宝鸭　　C. 八宝饭　　D. 八宝粥

20. （　　）可以单独制作成品。

A. 籼米粉　　B. 黑米粉　　C. 小黄米粉　　D. 玉米粉

21. 过桥米线是我国（　　）代表作。

A. 贵州　　B. 甘肃　　C. 兰州　　D. 云南

22. 将糯米粉和粳米粉掺和后称为（　　）。

A. 镶粉　　B. 糕粉　　C. 团粉　　D. 黏粉

23. 沙河粉是（　　）的代表面点。

A. 广州　　B. 贵州　　C. 苏州　　D. 扬州

24. 用糯米粉制成的精致花色品种有苏州（　　）。

A. 糕点　　B. 船点　　C. 汤粉　　D. 粽子

25. 浙江宁波出名的汤团是（　　）。

A. 鲜肉　　B. 豆沙　　C. 枣泥　　D. 黑洋沙

26. 像生雪梨果是由（　　）和澄粉调制而成。

A. 土豆粉　　B. 山药粉　　C. 豌豆粉　　D. 马蹄粉

27. 荸荠经过加工，可以制作（　　）。

A. 芋角　　B. 山药糕　　C. 马蹄糕　　D. 豌豆糕

28. 制作南瓜饼成品，原料里除了放南瓜，还要放（　　）。

A. 淀粉　　B. 糯米粉　　C. 面粉　　D. 粳米粉

食品营养与卫生

一、判断题（将判断结果填入括号中。正确的填“√”，错误的填“×”）

1. 人体为了维持自身的健康、生长发育，维持生理功能，可以依靠营养素中的主要蛋白质和维生素来维持。（　　）

2. 脂溶性维生素有胡萝卜素、水果、绿叶等。（　　）

3. 维生素 A 的主要来源于动物性肝、奶、奶油蛋黄和植物性的有色蔬菜。（　　）

4. 维生素 B_1 又称核黄素，它是水溶性维生素。（　　）

5. 维生素 C 是人的机体新陈代谢不可缺少的物质，参与体内的重要生物氧化过程，是活性很强的还原物质。（　　）

6. 脂肪是由两个分子脂肪酸和一个分子甘油组成的酯，名为甘油三酯。（　　）

7. 脂肪是产生热量最高的营养素。（　　）

8. 每日膳食中有 30～50 g 脂肪就能满足人体需要。（　　）

9. 糖类是由碳、氢、氧三种元素组成的一大类无机化合物。（　　）

10. 人体如果失水超过 15%，便无法维持生命。（　　）

11. 食物中毒是人们食用了有毒的菌类及被污染的贝壳类等食品而引起的。（　　）

12. 发芽马铃薯、高组胺鱼类只要烧热烧透就可食用，不会引起食物中毒。（　　）

13. 食物中毒的病人会有不同的临床表现，大多会出现上吐下泻的现象。（　　）

14. 有毒食品和食物中毒的概念是不同的。（　　）

15. 细菌性食物中毒是食物中毒中最常见的。（　　）

16. 有毒的动植物中毒，常见的有黄鳝中毒。（　　）

17. 因误食而引起的化学性食物中毒也较常见。（　　）

18. 霉菌在 0℃以下、30℃以上时，产毒能力减弱或不能产毒。（　　）

19. 禽流感病毒，对人体不会传染。（　　）

20. 不食用受黄曲霉素及其毒素污染的食品，是预防霉菌中毒的主要措施。（　　）

21. 使用含铅的容器、工具等饮食品用具时，要注意消毒。（　　）

22. 严格保管农药和化学品，由仓库保管员保管，实行领用登记。（　　）

23. 肉类食品必须低温冷冻储存。（　　）

二、单项选择题（选择一个正确的答案，将相应的字母填入题内的括号中）

1. 营养素的功用就是能保证身体生长发育、维持生理功能和供给体所需（　）。

A. 能量　　B. 营养　　C. 热量　　D. 糖分

2. 食物中所含人体所需要的主要营养素有蛋白质、脂肪、（　　）、维生素、矿物质、水。

A. 氨基酸　　B. 糖类　　C. 钙　　D. 葡萄糖

3. 构成蛋白质的主要元素由氢、氧、氮、硫、（　）等。

A. 氨　　B. 酸　　C. 铁　　D. 磷

4. 半完全蛋白质中所含的必需氨基酸的种类（　），但含量多少不均匀，比例不合适。

A. 单一　　B. 不全　　C. 齐全　　D. 较多

5. 以下食物中，（　）属于完全蛋白质。

A. 蔬菜　　B. 蛋类　　C. 水果　　D. 家畜

6. 维生素是一类（　）有机化合物。

A. 大分子　　B. 中分子　　C. 少分子　　D. 小分子

7. 维生素一般在体内含量（　），不能提供能量。

A. 很少　　B. 很多　　C. 不稳定　　D. 以上选项均不正确

8. 水溶性维生素有（　）。

A. 维生素 C　　B. 维生素 K　　C. 维生素 A　　D. 维生素 E

9. 脂溶性维生素有（　）。

A. 维生素 E　　B. 维生素 B_{12}　　C. 维生素 A　　D. 维生素 B_1

10. 一般短时间内的烹饪对食物中的维生素 A 破坏（　）。

A. 较大　　B. 非常大　　C. 有限　　D. 极小

11. 维生素 B_2 的缺乏症为（　）。

A. 舌炎　　B. 佝偻病　　C. 夜盲症　　D. 糖尿病

12. 人体易缺乏的维生素是（　），维生素 C、维生素 A、维生素 B_1、维生素 B_2。

A. 维生素 E　　B. 维生素 K　　C. 维生素 D　　D. 维生素 B_{12}

13. 维生素 D 在中性及碱性溶液中能耐高温，在酸性溶液中逐步（　）。

A. 氧化　　B. 消失　　C. 分解　　D. 损耗

14. 维生素 D 的食物来源主要是动物肝脏、鱼肝油和（　）等。

A. 鱼类　　B. 禽类　　C. 豆类　　D. 蛋类

15. 维生素 B_2 的缺乏症为（　　）和口角炎。

A. 糖尿病　B. 干眼症　C. 舌炎　D. 夜盲症

16. 维生素 B_1 在（　　）中含量最高。

A. 麦麸　B. 麦芽糖　C. 麦胚乳　D. 麦淀粉

17. 维生素 PP 的需要量随能量的供给而变化，一般为（　　）。

A. 0.015　B. 0.15　C. 1.5　D. 1.15

18. 脂肪来源于各种动物油和（　　）、硬果和种子等。

A. 精制油　B. 植物油　C. 调和油　D. 色拉油

19. 糖类是由碳、氢、氧三种元素组成的（　　）有机化合物。

A. 一大类　B. 一小类　C. 二分之一　D. 部分

20. 大多数糖的分子中氢、氧比例（　　）。

A. 3∶1　B. 2∶1　C. 4∶1　D. 5∶1

21. 单糖可不经过消化直接被人体（　　）利用。

A. 吸收　B. 消化　C. 综合　D. 分解

22. 营养价值较高的单糖有葡萄糖、（　　）和半乳糖。

A. 多糖　B. 蔗糖　C. 麦芽糖　D. 果糖

23. 糖类有辅助脂肪和蛋白质（　　）的作用。

A. 吸收　B. 代谢　C. 消化　D. 分解

24. 糖类是供给人体（　　）的三种营养素中最经济的一种。

A. 温度　B. 营养　C. 能量　D. 热量

25. 糖类的实际需要量因人而异，随从事（　　）而异。

A. 职业　B. 工种　C. 工作　D. 事业

26. 一般成年人每天需要（　　）g 的碳水化合物。

A. 200～300　B. 300～400　C. 400～500　D. 500～600

27. 水是人体中含量最多的物质，人体体重的（　　）是水。

A. 50%　B. 55%　C. 60%　D. 65%

28. 人体如果失水超过（　　），便无法维持生命。

A. 20% B. 30% C. 40% D. 50%

29. 水能调节人体的（　　）。

A. 功能 B. 水分 C. 体温 D. 需求

30. 一般成人每天需要（　　）mL 左右的水。

A. 1 500 B. 2 000 C. 2 500 D. 3 000

31. 水的主要来源是饮食和（　　）以及食物在体内氧化代谢所产生的水。

A. 茶 B. 水果 C. 酒 D. 饮料

32. 食物在加工、运输、储存过程中被有毒化学物质污染，并达到了急性中毒（　　）。

A. 状况 B. 状态 C. 剂量 D. 症状

33. 食物中毒是由于吃了某种（　　）后引起的急性疾病。

A. 有毒食物 B. 有毒菌类 C. 有毒野菜 D. 河豚

34. 有毒食物是指健康人经吃入可食状态和正常（　　）而发病的食品。

A. 情况 B. 原料 C. 菜肴 D. 数量

35. 食物中毒常规下有（　　）种原因。

A. 6 B. 5 C. 4 D. 3

36. 由于加工和（　　）方法不当，未除去有毒物质而引起食物中毒。

A. 清洗 B. 烹调 C. 清除 D. 消毒

37. 可食用菌类很容易与有毒（　　）引起混淆，造成中毒。

A. 蕈 B. 菌 C. 土豆 D. 马铃薯

38. 食物中毒潜伏期一般（　　）。

A. 较长 B. 较短 C. 很长 D. 极短

39. 集体暴发性食物中毒发生时，很多人同时或先后相继发病，在（　　）内达到高峰。

A. 较长时间 B. 极短时间 C. 短时间 D. 很长时间

40. 有毒食品和食物中毒的概念是（　　）的。

A. 相似 B. 相同 C. 不同 D. 不相似

41. 同期中毒的病人都有（　　）的临床表现。

A. 大致相同　　B. 症状不相似
C. 症状相同　　D. 以上选项均不正确

42. 食物中毒的临床表现，多见急性（　　）症状。
A. 胃炎　　B. 腹泻　　C. 肠炎　　D. 胃肠炎

43. 黄花菜食用（　　），也会引起食物中毒。
A. 以后　　B. 过多　　C. 过生　　D. 偏量

44. 有毒的植物性食物中毒，常见的有（　　）中毒。
A. 萝卜　　B. 瓜果　　C. 青菜　　D. 马铃薯

45. 所有中毒病人都在相同或相近的时间食用过（　　）有毒食物。
A. 两种　　B. 同一种　　C. 同类　　D. 几种

46. 副溶血性弧菌食物中毒属（　　）食物中毒。
A. 细菌性　　B. 有毒的化学物
C. 霉菌性　　D. 有毒的动植物

47. 每年的夏、（　　）最容易发生细菌性食物中毒。
A. 春季　　B. 冬季　　C. 秋季　　D. 秋冬季

48. 病源菌约在（　　）℃时，最适宜生长或产毒。
A. 10～15　　B. 15～20　　C. 20～25　　D. 25～40

49. 有毒的动植物中毒，潜伏期短，多在数（　　）至十几小时。
A. 10 分钟　　B. 10 秒钟　　C. 10 小时　　D. 几个小时

50. 有毒的动物性食物中毒，常见的有（　　）中毒。
A. 黄鳝　　B. 水产品　　C. 河豚　　D. 海虾

51. 豆类中的（　　）因为加工不透而引起食物中毒。
A. 氨素　　B. 皂素　　C. 氮素　　D. 氯素

52. 铅中毒属于（　　）食物中毒。
A. 细菌性　　B. 霉菌性　　C. 化学性　　D. 动植物

53. 化学性物质污染食品的方式和途径比较复杂，主要是食品在（　　）、储存和运输等过程中受到化学物质的严重污染。

A. 生产加工　　B. 初加工　　C. 烹饪　　D. 食用

54. 霉菌具有致癌作用而诱发（　　）。

A. 头痛　　B. 腹痛　　C. 癌症　　D. 病毒

55. 霉菌产生毒素需要一定条件，如食品种类、食品营养成分、水分、（　　）和空气流通情况等。

A. 食品产地　　B. 储存方式　　C. 储存时间　　D. 温度

56. 霉菌生长繁殖，对食品有一定的选择性。如大米、面粉、（　　）和发霉食物，以黄曲霉为主。

A. 蔬菜　　B. 鱼类　　C. 水果　　D. 花生

57. 禽流感病毒，除了对禽类进行传染，对人群也会引起（　　）。

A. 感染　　B. 过敏　　C. 伤害　　D. 传染

58. 有害微生物造成的食品传染有真菌、细菌和（　　）。

A. 霉菌　　B. 病毒　　C. 寄生虫　　D. 昆虫

59. 加强家禽（　　）饲养管理，预防传染病。

A. 家猫　　B. 家犬　　C. 家畜　　D. 家兔

60. 防止食品霉变，主要是控制储存的温度和（　　）。

A. 时间　　B. 湿度　　C. 空间　　D. 隔层

61. 动物性食品应置（　　）℃以下的低温处储存。

A. 13　　B. 12　　C. 11　　D. 10

62. 粮食在储存中最容易受到（　　）、蛾类等虫类侵害。

A. 蝇类　　B. 甲虫类　　C. 蟑类　　D. 毛毛虫类

63. 致病性大肠杆菌属（　　）食物中毒。

A. 霉菌性　　B. 细菌性　　C. 污染性　　D. 化学性

64. 对可能带菌食品，在食用前采用（　　）灭菌法是预防食物中毒的关键措施。

A. 加热　　B. 低温　　C. 消毒　　D. 冷冻

65. 微生物污染食品后，在适宜条件下大量（　　）引起食物腐败、霉烂和变质，使食品失去食用价值。

A. 氧化　　B. 生长繁殖　　C. 生成细菌　　D. 产生毒素

66. 小孩经常食用受到铅污染的食品，会对孩子（　　）产生影响。

A. 发育　　B. 智力　　C. 成长　　D. 身体

67. 对不认识和未食用过的（　　），不要采摘和食用，防止中毒。

A. 菌类　　B. 菇类　　C. 蕈类　　D. 薯类

68. 在食品加工、包装过程中，一些化学物质，如陶瓷中的（　　），包装蜡纸上的苯丙芯、彩色油墨和印刷纸中的多氯联苯等造成的污染。

A. 锡　　B. 铅　　C. 铜　　D. 铁

69. 农药和化学品包装上标有"有害"字样，就严禁与（　　）一起存放。

A. 餐具　　B. 用具　　C. 日用品　　D. 食物

70. 严格保管农药和化学品，实行（　　）、领用登记。

A. 负责人管理　　B. 仓库保管员管理

C. 厨师长管理　　D. 专人专管

71. 砷化物农药必须具有易识别的（　　）。

A. 标签　　B. 颜色　　C. 字样　　D. 存器

72. 防止食品霉变是防止食品污染的最根本（　　）。

A. 办法　　B. 想法　　C. 措施　　D. 要求

73. 防止食品霉变是防止食品污染的最根本（　　）。

A. 措施　　B. 手段　　C. 办法　　D. 防范

面点成本核算

一、判断题（将判断结果填入括号中。正确的填"√"，错误的填"×"）

1. 将几款不同口味的点心组合起来就是配套点心。（　　）
2. 宴会按档次一般分为高档、中档、低档宴会。（　　）
3. 编组宴席点心成本核算的方法与其他成本核算的方法是相同的。（　　）
4. 面点销售价格等于耗用原材料的成本加毛利。（　　）

5. 批量制作的单一点心成本的计算方法是先总后分法。（　）

二、单项选择题（选择一个正确的答案，将相应的字母填入题内的括号中）

1. 配套点心要科学合理地组合成一组适应客人不同（　）的点心。

A. 形式　B. 心理　C. 需要　D. 售价

2. 配套点心是指按照宴会的（　）标准、菜肴，将不同口味的点心科学的排列组合起来。

A. 规格　B. 价格　C. 价位　D. 等级

3. 宴会按规格一般分为国宴、正式宴会、（　）等。

A. 便宴　B. 招待会　C. 鸡尾酒会　D. 小吃宴会

4. 正式宴会点心为（　）配套。

A. 二甜一咸　B. 二咸一甜　C. 二咸一甜一湿　D. 二甜二咸

5. 冬季寒冷，一般配汤汁较浓，口味（　）的热点。

A. 稍辣　B. 稍重　C. 稍甜　D. 稍咸

6. 春秋季节，大多配（　），口味多以酥脆、松化、甘香为主。

A. 季节点心　B. 清凉点心　C. 时令点心　D. 节令点心

7. 配套点心的成本核算就是加工这套点心所用原材料的（　）。

A. 总合　B. 计算　C. 毛利　D. 售价

8. 某套点心成本＝为制作某套点心领取的主料成本＋辅料成本＋（　）。

A. 其他成本　B. 人工成本　C. 加工成本　D. 调料成本

9. 配套点心成本核算的方法，实际上是对某套点心所用（　）的计算，是厨房制作此套点心实际用料的成本。

A. 原材料成本　B. 辅料成本　C. 主料成本　D. 调料成本

10. 编组宴席点心是指将面点品种和与之相搭配的（　）编为一组，同时上席的一类点心。

A. 菜肴　B. 点心　C. 菜点　D. 宴席

11. 面点成品的销售价格是由耗用原料的成本、营业费用、税金和（　）四部分构成。

A. 毛利　　B. 利息　　C. 利润　　D. 毛利率

12. 成本构成三要素分别是主料、配料、(　)。

A. 燃料　　B. 皮料　　C. 馅料　　D. 调料

13. 面点成本的销售价格是由耗用原料的成本、营业费用、税金和(　　)四部分构成。

A. 毛利　　B. 利润　　C. 毛利率　　D. 人工费

14. 成本构成三要素分别是主料、配料、(　　)。

A. 燃料　　B. 皮料　　C. 馅料　　D. 调料

15. 清蛋糕100元，用去原料成本40元，若成本毛利率为80%，蛋糕的单位售价是(　　)元。

A. 32　　B. 48　　C. 72　　D. 0.72

16. 椰蓉月饼销售价格为18元/只，毛利额为6元，椰蓉月饼的成本是(　　)元。

A. 6　　B. 8　　C. 10　　D. 12

面点的原物料

一、判断题（将判断结果填入括号中。正确的填“√”，错误的填“×”）

1. 糖类是大米的主要化学成分，其含量约占76%。(　　)

2. 小站稻主要用于碾米做饭，营养十分丰富，含有葡萄糖、淀粉、脂肪等多种成分，是大米中的佳品。(　　)

3. 特制粉加工精度细，色泽白，含肤量较高。(　　)

4. 普通粉加工精度较粗，含肤量高，颜色黄。(　　)

5. 用特定专用粉制作特定食品比用其他面粉制作速度快、口感强。(　　)

6. 可溶性糖及淀粉可以促进酵母菌的繁殖，为发酵提供氧分，使成品膨松。(　　)

7. 粮食类淀粉主要是从小麦中提炼的澄粉和土豆粉。(　　)

8. 绿豆粉属于粮食类淀粉。(　　)

9. 藕粉属于蔬菜类淀粉。(　　)

10. 大豆其本身营养价值丰富，还能与其他蛋白质起互补作用。 （ ）
11. 玉米按颜色可分为黄色玉米、白色玉米和杂色玉米。 （ ）
12. 高粱按粒色可分为红色和白色，红色高粱呈褐红色，白色高粱呈粉白色。 （ ）
13. 我国小米的主要品种有金米、龙山米、桃花米、沁州黄。 （ ）
14. 云南西双版纳的紫米因色紫而得名，分为米皮紫色胚乳白色和皮胚皆紫色两种。 （ ）
15. 甘薯又称番薯、山芋、红薯、地瓜、红苕等。 （ ）
16. 青稞又称稞麦、米麦、元麦、油麦等。 （ ）
17. 木薯是生长在热带或亚热带，生长期短的草木灌木。 （ ）
18. 薏米耐高温，喜生长于面风背阳和雾期较长的地区。 （ ）
19. 鸡肉的肉质纤维细嫩，含有大量的谷氨酸，滋味鲜美。 （ ）
20. 一般称呼对虾为“明虾”。 （ ）
21. 糖玫瑰的加工方法与不带汁的蜜饯加工方法相同。 （ ）
22. 琼脂只能从海藻类植物中提取加工而成。 （ ）
23. 白砂糖色泽洁白明亮，晶体均匀坚实，水分、杂质、还原糖的含量较高。 （ ）
24. 饴糖可以抗蔗糖结晶，防止上浆制品发烊、发砂。 （ ）
25. 蜂蜜可提高制品的膨松性。 （ ）
26. 从海水中直接制成的食盐晶体就是粗盐。 （ ）
27. 调制春卷皮，面粉中加入适量盐是为了增加面团的黏性。 （ ）
28. 油脂可以调节面筋的形成程度制成不同工艺的面团。 （ ）
29. 中式面点工艺中常用的有牛乳、炼乳和乳粉。 （ ）
30. 牛乳能提高面团的可塑性，延长成品保存期。 （ ）
31. 蛋品在面点中的作用有促进酵母菌的繁殖。 （ ）
32. 小苏打，俗称“食粉”，学名碳酸氢氨。 （ ）
33. 压榨鲜酵母，就是依士粉。 （ ）
34. 芝麻油在馅心调制中起重要的调味作用。 （ ）

二、单项选择题（选择一个正确的答案，将相应的字母填入题内的括号中）

1. 大米的蛋白质含量约为（ ），主要分布在米的糊粉层和胚乳中，胚芽中含有少量的蛋白质。

A. 7.8％ B. 6.8％ C. 5.8％ D. 4.8％

2. 大米中的含水量一般为（ ）。

A. 13％～16％ B. 16％～19％ C. 19％～21％ D. 10％～13％

3. 小站稻子粒饱满、皮薄、油性大、米质好、出米率（ ）。

A. 高 B. 低 C. 较低 D. 较高

4. 小站稻米粒呈（ ），晶莹透明，洁白如玉。

A. 圆形 B. 椭圆形 C. 长圆形 D. 长粒形

5. 马坝油粘米的生长期只需（ ）天。

A. 75 B. 85 C. 65 D. 55

6. 马坝油粘米因谷形呈（ ），如猫牙齿，故又名“猫牙粘”。

A. 长粒 B. 长圆 C. 细长 D. 粗长

7. 桃花米品质精良，色泽白中显青，（ ），洁白如玉。

A. 晶莹透明 B. 晶莹发亮 C. 晶莹剔透 D. 晶莹如玉

8. 香粳米含有丰富的蛋白质、铁和（ ）。

A. 锌 B. 维生素 C. 葡萄糖 D. 钙

9. 万年贡米，色白如玉，（ ），味道浓香，营养丰富。

A. 质软不腻 B. 质软不黏 C. 质软不稠 D. 质软不糯

10. 胚乳是麦粒的主要成分，约占小麦粒干重的（ ）。

A. 68％～73.5％ B. 73％～78.5％ C. 78％～83.5％ D. 83％～88.5％

11. 皮层占小麦粒干重的（ ）。

A. 10％～12％ B. 8％～10％ C. 6％～8％ D. 4％～6％

12. 面粉中脂肪含量（ ），低级面粉中的脂肪含量高于高级面粉。

A. 较多 B. 较少

C. 较高 D. 以上选项均不正确

13. 面粉中含有维生素B族和（　　）。

A. 维生素C　　B. 维生素D　　C. 维生素E　　D. 维生素A

14. 特制粉的特点是弹性大，延伸性及可塑性（　　）。

A. 差　　B. 较差　　C. 强　　D. 较强

15. 特制粉中面筋质含量（　　）。

A. ≥26%　　B. ≤26%　　C. ≥24%　　D. ≤24%

16. 标准粉含氟量比特制粉稍高，颜色（　　）。

A. 稍白　　B. 稍黄　　C. 稍灰　　D. 稍暗

17. 标准粉的灰分含量为（　　）。

A. ≤1.5%　　B. ≥1.5%　　C. ≤1.25%　　D. ≥1.25%

18. 普通粉比较适宜做（　　）食品。

A. 高档　　B. 花式　　C. 大众　　D. 西点

19. 普通粉特点是弹性小，可塑性差，（　　）。

A. 营养素较全　　B. 营养素全

C. 营养素较少　　D. 营养素少

20. 制作蛋糕适宜用（　　）粉。

A. 高筋粉　　B. 低筋粉　　C. 中筋粉　　D. 标准粉

21. 面粉按加工精度、（　　）、含肤量的高低来划分其等级。

A. 新鲜度　　B. 色泽　　C. 口味　　D. 特点

22. 商务部批准的行业标准专用粉共（　　）种。

A. 12　　B. 10　　C. 8　　D. 6

23. 中式面点工艺中常用的淀粉原料有薯类淀粉、（　　）、豆类淀粉、蔬菜淀粉。

A. 芋头粉　　B. 土豆粉　　C. 马蹄粉　　D. 粮食淀粉

24. 薯类淀粉色较白，透明感强，（　　），有光泽。

A. 性柔　　B. 性韧　　C. 性硬　　D. 性滑

25. 甘薯含有大量的（　　），质地软糯。

A. 维生素　　B. 蛋白质　　C. 纤维素　　D. 淀粉

26. 用豆类粉制作的点心不多，一般常用于（　　）。

A. 上浆　　B. 挂糊　　C. 制胚　　D. 勾芡

27. 豆类淀粉主要是从（　　）中提取。

A. 黄豆　　B. 绿豆　　C. 红豆　　D. 芸豆

28. 蔬菜类淀粉色较暗，半透明或透明，性滑韧，适宜（　　）制作各种点心，别具风味。

A. 单独　　B. 混合　　C. 掺和　　D. 搭配

29. 大豆是黄豆、（　　）、青豆的总称。

A. 小豆　　B. 黑豆　　C. 芸豆　　D. 白豆

30. 面点中常用的豆类有（　　）、赤豆、大豆、豌豆等。

A. 绿豆　　B. 扁豆　　C. 芸豆　　D. 刀豆

31. 赤豆又称（　　）。

A. 红小豆　　B. 芸豆　　C. 紫豆　　D. 元豆

32. 玉米按其颗粒的特征和胚乳的性质，可分为硬粒型、马齿型、粉型、（　　）。

A. 黏型　　B. 甜型　　C. 糯型　　D. 粳型

33. 高粱按用途可分为（　　）种。

A. 5　　B. 4　　C. 3　　D. 2

34. 高粱的皮层中含有一种特殊的成分——（　　）。

A. 丹宁　　B. 丹皮　　C. 丹果　　D. 丹青

35. 小米有浅色、深色两种，一般浅色谷粒（　　），出米率高，米质好。

A. 壳厚　　B. 皮薄　　C. 壳较厚　　D. 皮较薄

36. 金米色金黄，粒小，油性大，（　　），质软味香。

A. 含糖量低　　B. 含糖量高　　C. 含糖量偏低　　D. 含糖量偏高

37. 龙山米，品质与金米相似，淀粉和可溶性糖含量高于金米，（　　），甜度大。

A. 糯性足　　B. 黏度高　　C. 糯性低　　D. 黏度低

38. 广西东兰墨米既可煮饭，又可（　　）。

A. 煮粥　　B. 蒸糕　　C. 制饼　　D. 酿酒

39. 血糯米中含有谷吡色素等营养成分，食用血糯有（　　）的功效。

A. 补气　　B. 滋补　　C. 健脾　　D. 补血

40. 江苏常熟的血糯又称（　　）、红血糯。

A. 鸡血糯　　B. 鸽血糯　　C. 鸭血糯　　D. 鹅血糯

41. 荞麦古称乌麦、花荞，荞麦子粒呈（　　）。

A. 三角形　　B. 圆形　　C. 扁圆形　　D. 长圆形

42. 莜麦是我国主要的杂粮之一，它可以制作（　　）。

A. 麦片　　B. 麦茶　　C. 麦米　　D. 麦饼

43. 夏莜麦色淡白，小满播种，生长期（　　）天。

A. 160　　B. 150　　C. 140　　D. 130

44. 秋莜麦色淡黄，（　　）播种，生长期160天左右。

A. 大暑　　B. 立秋　　C. 夏至　　D. 小满

45. 甘薯块根内部有大量乳汁管，隔开块根表皮，会从中沁出（　　）乳汁。

A. 白色　　B. 红色　　C. 绿色　　D. 黄色

46. 甘薯原产于（　　），16世纪末引入中国福建、广东沿海地区。

A. 南美洲　　B. 北美洲　　C. 欧洲　　D. 非洲

47. 青稞是藏族人民自由栽培，并作为（　　）。

A. 辅食　　B. 主食　　C. 补充　　D. 辅粮

48. 凡是全年雾期在（　　）天以上的地区，薏米产量高，质量好。

A. 150　　B. 130　　C. 80　　D. 100

49. 成熟后的薏米呈黑色，果皮坚硬，有光泽，颗粒沉重，果形呈三角形，出米率（　　）左右。

A. 60%　　B. 50%　　C. 40%　　D. 30%

50. 鸭肉制馅一般采用（　　）后，再加工成馅。

A. 冷却　　B. 冷冻　　C. 腌制　　D. 熟制

51. 用酱鸡、酱鸭制馅时，一般先（　　），再按要求切丝或丁使用。

A. 浸泡　　B. 去皮　　C. 去骨　　D. 熟制

52. 用于制作馅心的鱼要选用质厚、（　　）、刺少的鱼种。

A. 味鲜　　B. 肉嫩　　C. 肉白　　D. 味香

53. 用鱼制馅，一般刀工成形方法是米和（　　）。

A. 条　　B. 茸　　C. 粒　　D. 块

54. 用虾仁制馅一般不放（　　）。

A. 盐　　B. 料酒　　C. 矾　　D. 糖

55. 大虾外壳呈（　　），尾红，腿红，肉质细嫩，味极鲜美。

A. 白色　　B. 青白色　　C. 青红色　　D. 红色

56. 除（　　）外，其他的死蟹是不宜食用的。

A. 大蟹　　B. 小蟹　　C. 黑蟹　　D. 海蟹

57. 质好的湖蟹，肉质结实，肥润鲜嫩，外壳色青泛亮，腹部（　　）。

A. 色黄　　B. 色青　　C. 色白　　D. 色红

58. 海参有刺参、（　　）等种类。

A. 干海参　　B. 鲜海参　　C. 梅花参　　D. 橡皮参

59. 用海参制馅前，需先泡发，（　　），洗净泥沙，再切丁调味。

A. 开肠破肚　　B. 开腹去皮　　C. 开腹去肠　　D. 开腹去腮

60. 海米也称（　　）。

A. 虾皮　　B. 虾球　　C. 开洋　　D. 虾粒

61. 用新鲜蔬菜制馅，大多需要经过摘、洗、切、（　　）等初加工。

A. 蒸熟　　B. 脱水　　C. 煮熟　　D. 烧熟

62. 黄花菜则以（　　），色金黄，干透者为好。

A. 开花　　B. 未开花

C. 新鲜　　D. 以上选项均不正确

63. 常用于制馅的干菜类原料有木耳、（　　）、玉兰片、黄花菜等。

A. 南瓜　　B. 紫菜　　C. 蘑菇　　D. 海带

64. 制馅时，木耳应选用（　　）、有光泽、无皮壳者。

A. 肉黑　　B. 肉厚　　C. 肉薄　　D. 朵大

65. 制馅最常用的豆类品种有红小豆、（　　）和豌豆。

A. 豇豆　　B. 扁豆　　C. 黑豆　　D. 绿豆

66. 用莲子制馅前，要先去掉莲子赤红色外衣，再去掉（　　）。

A. 莲皮　　B. 莲心　　C. 莲子　　D. 莲茎

67. 制馅时选用红枣应皮薄、（　　）、核小、味甜的品种。

A. 肉肥　　B. 肉厚　　C. 肉红　　D. 皮深

68. 莲子外衣呈（　　），圆粒形，内有莲心。

A. 深红色　　B. 浅红色　　C. 赤红色　　D. 紫红色

69. 杏仁是点心五仁馅原料之一，分甜杏仁和（　　）两种。

A. 苦杏仁　　B. 大杏仁　　C. 有壳杏仁　　D. 无壳杏仁

70. 点心中常用的五仁馅原料有杏仁、核桃仁、（　　）、榄仁、松仁等。

A. 花生仁　　B. 瓜仁　　C. 麻仁　　D. 木妃子仁

71. 白果中含有（　　），食用不当或过量会引起中毒。

A. 白果苷　　B. 白果酸　　C. 白果素　　D. 银杏素

72. 腰果是世界（　　）干果之一。

A. 六大　　B. 五大　　C. 四大　　D. 三大

73. 榛子的果仁含油量达（　　），高于花生和大豆。

A. 40％～55％　　B. 45％～60％　　C. 50％～65％　　D. 55％～70％

74. 泰安板栗含糖量高，淀粉含量在（　　）以上，入口绵软，甘甜香浓。

A. 50％　　B. 60％　　C. 70％　　D. 80％

75. 山楂皮红肉白，果肉（　　），是较好的制馅原料。

A. 较甜　　B. 很甜　　C. 酸甜　　D. 较酸

76. 鲜水果既可以包入主坯内（　　），又可以点缀主坯表面上，起增色调味作用。

A. 做馅　　B. 做皮　　C. 做点心　　D. 做糕点

77. 橘子原产亚洲南部，我国最早在（　　）种植。

A. 华东地区　　B. 华南地区　　C. 华北地区　　D. 西南地区

78. 蜜饯是将水果用（　　）的糖液或蜜汁浸透果肉加工而成。

A. 低浓度　　B. 一般浓度　　C. 高浓度　　D. 葡萄糖

79. 带汁的蜜饯含水较多，鲜嫩适口，有蜜枣、（　）、梨脯、橘饼等。

A. 苹果脯　　B. 糖冬瓜　　C. 糖柿子　　D. 青梅

80. 品质优良的琼脂质地（　）、洁白、半透明、纯净干燥、无杂质。

A. 柔韧　　B. 柔软　　C. 较硬　　D. 较软

81. 琼脂又称（　）、冻粉、琼胶。

A. 洋粉　　B. 洋糕　　C. 明胶粉　　D. 洋菜

82. 依据来源不同，明胶的物理性质也有较大的差别，其中以（　）明胶性质较优，透明度高，可塑性强。

A. 牛皮　　B. 猪皮　　C. 骡皮　　D. 马皮

83. 蔗糖包括白砂糖、（　）、冰糖和红糖等。

A. 葡萄糖　　B. 黄糖　　C. 绵白糖　　D. 饴糖

84. 冰糖是白砂糖的（　）体产品。

A. 再加工　　B. 再粘合　　C. 再溶化　　D. 再结晶

85. 红糖营养丰富，含有铜、（　）等矿物质。

A. 钙　　B. 锌　　C. 铁　　D. 铅

86. 蔗糖具有提高制品的（　）。

A. 延伸性　　B. 弹性　　C. 膨松性　　D. 韧性

87. 蔗糖在面点中具有增加甜味，提高成品的（　）。

A. 营养价格　　B. 香味　　C. 甜蜜度　　D. 黏性

88. 饴糖的主要成分是（　）。

A. 蔗糖　　B. 麦芽糖　　C. 双糖　　D. 单糖

89. 饴糖（　），呈半透明状，具有高度的黏稠性，甜味较淡。

A. 色泽较黄　　B. 色泽较透　　C. 色泽较暗　　D. 色泽较白

90. 蜂蜜多用于制作特色的（　）糕点。

A. 花色　　B. 营养　　C. 中式　　D. 西式

91. 蜂蜜含有糖、铁、铜、（　）等多种营养物质。

A. 锌　　B. 钙　　C. 锰　　D. 镉

92. 优良品质的蜂蜜用水溶解后静置，没有（　　）。

A. 杂质　　B. 漂浮物　　C. 水密分离　　D. 沉淀物

93. 洗涤盐是粗盐经过水洗后的产品，洗涤盐颗粒（　　），易于溶解。

A. 较大　　B. 粗大　　C. 较小　　D. 呈粉末状

94. 盐一般分为粗盐、洗涤盐和（　　）。

A. 细盐　　B. 再制盐　　C. 工业盐　　D. 加工盐

95.（　　）的晶体呈粉末状，颗粒细小，色泽洁白，杂质少。

A. 洗涤盐　　B. 粗盐　　C. 细盐　　D. 再制盐

96. 盐可促进或抑制（　　）的繁殖，达到调节主坯发酵速度的作用。

A. 杂菌　　B. 蛋白质　　C. 糖类　　D. 酵母菌

97. 面团中加入盐，可以主坯中（　　）的物理性质，增加主坯的筋力。

A. 蛋白质　　B. 面筋　　C. 淀粉　　D. 单糖

98. 油脂在面点中的作用，有（　　），提高成品的营养价值。

A. 增加香味　　B. 增加黏性

C. 增加可塑性　　D. 增加延伸性

99. 油脂可以降低（　　），便于工艺操作。

A. 黏着性　　B. 酥松性　　C. 可塑性　　D. 延伸性

100. 炼乳是牛乳经消毒、（　　）、均质而成的。

A. 加工　　B. 提炼　　C. 浓缩　　D. 合成

101. 中式面点工艺中常用的有（　　）、炼乳和乳粉。

A. 淡奶　　B. 半乳　　C. 全脂奶　　D. 三花淡奶

102. 乳粉有（　　）和脱脂乳粉。

A. 全脂乳粉　　B. 甜乳粉　　C. 高钙乳粉　　D. 淡乳粉

103. 牛乳能改善主坯（　　），提高产品的外观质量。

A. 性质　　B. 性能　　C. 韧性　　D. 柔性

104. 蛋糕主要是利用了（　　）而制成的。

A. 蛋黄的发泡性能　　B. 蛋黄的乳化性能
C. 蛋清的发泡性能　　D. 蛋清的乳化性能

105. 化学膨松剂可分为两类，一类为泡打粉、发酵粉、小苏打、（　　）；另一类为矾碱盐。

A. 臭粉　　B. 色素　　C. 香精　　D. 食粉

106. 化学膨松剂一般适用于（　　）多油的面团。

A. 多蛋　　B. 多糖　　C. 无蛋　　D. 无糖

107. 生物膨松剂主要利用（　　）膨松剂，使面团膨松。

A. 碱性　　B. 复合　　C. 酵母　　D. 发酵粉

108. 依士粉，含水量在（　　）以下，不易酸败，发酵力强。

A. 19%　　B. 18%　　C. 17%　　D. 16%

面点主坯工艺原理

一、判断题（将判断结果填入括号中。正确的填“√”，错误的填“×”）

1. 食品添加剂主要有防腐剂、着色剂、香精香料、盐、味精和膨松剂等。（　　）
2. 松糕主坯的形态属于颗粒状的。（　　）
3. 热水面团的点心有油炸糕、烧卖、锅贴。（　　）
4. 面粉中的淀粉热变性，随水温的升高而加快。（　　）
5. 豆沙锅饼是冷水调制的面团。（　　）
6. 温水面主坯介于冷水面团和热水面团之间，色泽较暗。（　　）
7. 菜包、肉包采用的是酵母膨松法。（　　）
8. 广式蛋球是用物理膨松法制作的。（　　）
9. 干酥面不可以单独制作点心。（　　）
10. 水油面的软硬度应比干油酥硬。（　　）
11. 层酥面坯的皮坯可以分为水油面皮、水蛋面皮、发酵面皮三种。（　　）
12. 糍粑、粽子、芝麻糯米球属于饭皮制品。（　　）

13. 调制米粉面坯，一般用糯米粉与籼米粉掺合在一起使用。（　　）

14. 调制工艺中，要注意分清不同原料的掺入顺序。（　　）

15. 水原性主坯是料粉加化学膨松剂直接调好揉制的主坯。（　　）

16. 粉料加水油面可以调制成干油酥。（　　）

17. 点心颜色与成熟方法及火力、油温的大小有密切关系。（　　）

二、单项选择题（选择一个正确的答案，将相应的字母填入题内的括号中）

1. 面点主坯的辅助原料有糖、油脂、盐、蛋品、（　　）等。

A. 杂粮　　B. 添加剂　　C. 乳品　　D. 薯类

2. 主坯原料的构成一般可分为主要原料、辅助原料、（　　）、水和添加剂五类。

A. 麦类原料　　B. 调味原料　　C. 谷类原料　　D. 杂粮原料

3. 八宝饭主坯的形态属于（　　）。

A. 颗粒大　　B. 粉粒状　　C. 厚粉状　　D. 团状

4. 水原性主坯根据水温的不同，可分为冷水面团、（　　）、热水面团。

A. 淀粉类面团　　B. 杂粮类面团

C. 温水面团　　D. 特殊性面团

5. 按主坯的属性分类，可分为水原性主坯、膨松性主坯、（　　）、特殊性主坯。

A. 层酥性主坯　　B. 薯粉类主坯　　C. 杂粮类主坯　　D. 淀粉类主坯

6. 面粉中的淀粉可分为直链淀粉和（　　）。

A. 玉米淀粉　　B. 粮食淀粉　　C. 支链淀粉　　D. 谷淀粉

7. 淀粉颗粒在常温下基本无变化、吸水率低，水温在（　　）℃以上时，淀粉出现溶于水的膨胀糊化。

A. 50　　B. 52　　C. 53　　D. 60

8. 面粉中的蛋白质水温在（　　）℃时能结合水150%左右。

A. 60　　B. 30　　C. 40　　D. 50

9. 面粉中的（　　）在常温下不发生热变性，具有吸收率高的特性。

A. 麦胶蛋白　　B. 麦谷蛋白　　C. 面筋蛋白　　D. 胶蛋白

10. 冷水面团的主坯适用的品种有馄饨、春卷、（　　）。

A. 烧卖　B. 蒸饺　C. 鸭饼　D. 锅饼

11. 鲜肉烧卖、月牙蒸饼属于（　　）调制的面团。

A. 冷水　B. 热水　C. 温水　D. 面肥

12. 热水面由于（　　）的膨胀糊化和蛋白质的热变性。

A. 淀粉　B. 面粉　C. 支链淀粉　D. 直链淀粉

13. 温水面主坯的（　　）、韧性、色泽均介于冷水面团主坯与热水面团主坯之间。

A. 弹性　B. 黏性　C. 延伸性　D. 滑爽性

14. 生化膨松法利用（　　）生长繁殖时，在主坯内分解有机物质，从而使主坯膨大疏松。

A. 酸碱中和　B. 酵母菌　C. 化学反应　D. 温度

15. 酒精发酵是主坯发酵的主要过程，它所产生的（　　）气体，使主坯体积膨大、疏松、多孔。

A. 乳酸菌　B. 二氧化碳　C. 杂酸菌　D. 杂菌

16. 化学膨松性主坯其他原料的化学成分在遇热后产生一连串化学（　　），以及生物性的变化。

A. 酸中和　B. 水解　C. 热分解　D. 碱中和

17. 主坯加入化学膨松剂后，经成形进入烤炉的开始阶段，生坯表面（　　）。

A. 失水　B. 增加水分　C. 增加温度　D. 减少温度

18. 烤制生坯，表面的（　　）和蛋白质受热凝固，使生坯的厚度逐渐变薄、定型。

A. 糖类　B. 维生素　C. 面筋　D. 淀粉

19. 蛋白质本身具有起泡性，在打蛋机高速旋转作用下，大量空气均匀地混入蛋液中，随着空气量增多，蛋液中气压增多，由于（　　），最后形成许多气泡。

A. 蛋清的发泡性　B. 蛋白膜逐渐膨胀扩展

C. 蛋黄的黏性　D. 蛋白质的起泡性

20. 物理膨松性主坯的品种有蛋糕、（　　）。

A. 雪笋包　B. 双黄层糕　C. 蒸蛋糕　D. 钳花包

21. 膨松性主坯由于膨松方法、（　　）、成熟方法上的差异，其成品各有不同的特点。

A. 主坯原料　B. 调制方法　C. 成形方法　D. 制作工艺

22. 酵母膨松性主坯成品的特点，体积疏松膨大，（　　），呈海绵状，味道香醇适口。

A. 结构细密口感软　B. 色泽洁白

C. 松软　D. 吃口香

23. 油脂是一种（　　），具有一定的黏着性和表面张力。

A. 固态物质　B. 胶体物质　C. 液态物质　D. 辅助物质

24. 干油酥又称（　　），由面粉和油调制而成。

A. 酥面　B. 油酥　C. 水油酥　D. 水油面

25. 粉料与油脂并不融合，只是依靠油脂（　　）黏合在一起。

A. 爽滑性　B. 颗粒　C. 黏着性　D. 柔和性

26. 调制水油面应用（　　）的方法调制面团。

A. 揉　B. 摔　C. 搓　D. 压

27. 当水、油、（　　）经搓擦，合为一体时，粉料颗粒被油脂粒的包围、隔开，扩大了粉料颗粒间的距离。

A. 化学膨松剂　B. 粉料

C. 糖　D. 鸡蛋

28. 水油面是面粉与（　　）、油或蛋等原料结合而成的。

A. 水　B. 糖

C. 化学膨松剂　D. 小苏打

29. 当主坯加热时，水油面中蛋白质发生（　　）水分气化，油脂受热后传热于被包裹的粉料颗粒，产生层次。

A. 变性　B. 冷变性

C. 热变性　D. 以上选项均正确

30. 萝卜丝酥饼属于（　　）面主坯的品种。

A. 单酥　B. 层酥　C. 炸酥　D. 硬酥

31. 层酥面主坯制作的成品具有体积疏松、（　　）、口味酥香、营养丰富的特点。

A. 形态精细　B. 层次多样　C. 花式繁多　D. 式样多样

32. 眉毛酥主坯是干油酥和（　　）两块不同质感的主坯结合而成的。

A. 水面　　B. 水蛋面　　C. 糖蛋面　　D. 水油面

33. 饭皮一般采用（　　）作为制作原料。

A. 粳米　　B. 糯米　　C. 籼米　　D. 小米

34. 饭皮制作必须经过糯米淘洗、（　　）、蒸熟、加入辅料、调制成皮。

A. 加工　　B. 碾粉　　C. 包捏　　D. 浸泡

35. 糖糕粉坯是由米粉加（　　）调制而成。

A. 水　　B. 白砂糖　　C. 糖浆　　D. 糖粉

36. 发酵粉粉坯是用（　　）加水、面肥、辅料糖、膨松剂等经保温发酵后支撑的米粉面团。

A. 糯米粉　　B. 粳米粉　　C. 籼米粉　　D. 黑米粉

37. 熟芡粉坯是指对糯米粉、粳米粉混合成的粉料进行热处理，再与其余（　　）料拌和揉搓而成的团类粉团。

A. 玉米粉　　B. 高粱粉　　C. 生粉　　D. 籼米粉

38. 主坯制作工艺是由加入（　　）、油蛋、乳等辅料调制而成，使其相互粘连，形成一个整体的过程。

A. 水　　B. 糖　　C. 小苏打　　D. 发酵粉

39. 配料工艺中必须注意，灵活掌握配料的（　　），合理调整配料用量。

A. 不变性　　B. 可变性　　C. 替代性　　D. 季节性

40. 水原性主坯按（　　）的不同，一般分为团状和浆糊状两大类。

A. 掺水量　　B. 掺粉量　　C. 掺油量　　D. 掺糖量

41. 水原性主坯工艺流程中的关键在于（　　）的变化。

A. 水量　　B. 水温　　C. 油脂　　D. 糖

42. 物理膨松法适宜（　　）等点心。

A. 马拉糕　　B. 蛋糕　　C. 干层油糕　　D. 糖糕

43. 酵母膨松性主坯的工艺流程为：物料、（　　）、水三种原料一起调制，再醒发。

A. 油　　B. 生物膨松剂

C. 化学膨松剂　D. 面肥

44. 化学膨松性主坯工艺流程为：粉料、化学膨松剂、（　　）三种物料一起混合调制，再醒发。

A. 面肥　B. 油　C. 水　D. 辅料

45. 粉料加油脂、（　　）调制成水油面。

A. 盐　B. 糖　C. 水　D. 辅料

46. 层酥主坯是由于干油酥和（　　）两块不同质感的主坯结合而成的。

A. 水油面团　B. 膨松面团　C. 温水面团　D. 冷水面团

47. 主坯成熟后的口味来源于原料的本身之味，为（　　）。

A. 口味　B. 本味　C. 特殊味　D. 原味

48. 面点主坯（　　）是形成点心特色的关键。

A. 口味　B. 质感　C. 形态　D. 色泽

馅心制作技术

一、判断题（将判断结果填入括号中。正确的填"√"，错误的填"×"）

1. 点心是否美味，是以馅心作为衡量的重要标准。（　　）

2. 馅心口味的好坏不会影响面点的成形。（　　）

3. 叉烧包是苏式面点。（　　）

4. 制作馅心，一般都需要经过调味或烹调过程，但在制作上又有别于烹饪一般菜肴。（　　）

5. 生肉馅拌制过程中，掺水一般是一次性加完，肉质起黏为止。（　　）

6. 皮冻在熬制过程中，应用大火长时间加热，把汤水中的鲜味吸入皮冻。（　　）

7. 制作苔条腰馅须将腰果和苔条先放在温油中汆熟后再刀工成形拌制。（　　）

二、单项选择题（选择一个正确的答案，将相应的字母填入题内的括号中）

1. 包馅点心（　　）的好坏，主要由馅心来体现的。

A. 色泽　B. 形态　C. 口味　D. 质感

2. 通常点心皮坯和馅心的比重各占（　　）。

A. 2/3　　B. 1/2　　C. 3/4　　D. 2/3

3. 春卷、烧麦这两个点心的馅心占整个面点的（　　）。

A. 50％～70％　　B. 60％～80％

C. 70％～90％　　D. 40％～60％

4. 馅心调制适当与否，对成品成熟后的（　　）能否保持不变样有很大关系。

A. 形态　　B. 质感　　C. 色泽　　D. 外观

5. 一般情况下，馅心应稍（　　）些，这样能使制品在成熟后撑住主坯，保持形态不变。

A. 多　　B. 少　　C. 硬　　D. 烂

6. 薄皮的点心和油酥品种应使用（　　），为使制品保持原形态。

A. 生馅　　B. 熟馅　　C. 甜馅　　D. 咸馅

7. 由于馅心口味的不同，形成了不同的（　　）风味特色。

A. 要求　　B. 地方　　C. 形式　　D. 方式

8. 芹黄肉馅加工时，用刀把芹黄切成碎粒，放入盛器内加入（　　）片刻，然后挤干水分待用。

A. 糖汁　　B. 酱油　　C. 盐腌制　　D. 开水泡制

9. 咸馅原料广泛，种类多样，常见的为菜馅、肉馅、（　　）三类。

A. 菜肉混合馅　　B. 素什锦馅

C. 生馅　　D. 熟馅

10. 三丝馅口味要达到鲜、香、咸、色（　　）。

A. 酱色　　B. 金黄色　　C. 本色　　D. 淡金黄色

11. 重馅心的品种，皮坯适宜用（　　）。

A. 膨松面团　　B. 油酥面团　　C. 冷水面团　　D. 澄粉面团

12. 各地甜食，在原料制法、花色、（　　）等方面，都有不同的特点。

A. 特性　　B. 口味　　C. 形态　　D. 风俗

13. 甜馅按制作特点，可分为泥蓉馅、果仁蜜饯馅、（　　）三大类。

A. 糖馅　　B. 重馅　　C. 轻馅　　D. 豆沙馅

14. 甜馅原料以碎小为好，一般分为泥蓉和（　　）两种。

A. 碎粒　　B. 丁块　　C. 整粒　　D. 条片

15. 五仁馅一般比较适宜油酥面团中的（　　）品种。

A. 明酥　　B. 直酥　　C. 半明酥　　D. 暗酥

16. 京式面点馅心调制一般比较喜欢加（　　）。

A. 酱油　　B. 麻油　　C. 辣油　　D. 花椒油

17. 南瓜馅中的原料配制是：南瓜茸 250 g，糖粉 125 g，猪油（　　）g。

A. 120　　B. 100　　C. 80　　D. 60

18. 枣泥馅的取料一般采用（　　）。

A. 蜜枣　　B. 黑枣　　C. 大红枣　　D. 小红枣

19. 鸿运酥馅心、苔条腰果馅中都放入（　　）原料。

A. 黄油　　B. 牛油　　C. 奶油　　D. 猪板油

20. 苔条花生是（　　）口味。

A. 香鲜　　B. 甜　　C. 咸　　D. 椒盐

21. 椒盐核桃馅的配方是核桃仁（　　）g、糖粉 125 g、猪油 70 g、精盐 5 g、葱花 25 g。

A. 350　　B. 320　　C. 300　　D. 250

面点成形技术

一、判断题（将判断结果填入括号中。正确的填“√”，错误的填“×”）

1. 制作春卷皮子是摊皮法。（　　）

2. 冠顶饺的成形方法是推理法。（　　）

3. “摊”是一种把面团加工成饼皮方法，如葱油饼、鸡蛋饼的成形。（　　）

4. “按”成形方法主要适用于形体较小的包馅品种。（　　）

5. 利用“模印”成形的品种，如月饼、水晶饼模具。（　　）

6. 汤团的成形方法有包捏法、包搓法、滚粘法。　（　）

二、单项选择题（选择一个正确的答案，将相应的字母填入题内的括号中）

1. 点心品种与成形方法之间有一定的通用性、兼用性、连用性和（　）。

A. 合并性　B. 衬托性

C. 结合性　D. 灵活多变性

2. 成形方法是多种多样的，但从总的工艺程序看，可分为和面、揉面、（　）、下剂、制皮、上馅，再用各种手法成形。

A. 烫面　B. 搓条　C. 卷条　D. 拌面

3. 搓条的操作要点是：两手用力大小一致，搓时必须用（　）。

A. 掌心　B. 掌背　C. 掌指　D. 掌根

4. 切一般要求是（　），规格一致，动作灵活，技术熟练。

A. 用刀均匀　B. 外观整齐　C. 轻重适当　D. 下刀正确

5. “镶嵌”成形方法，主要起装饰美化点心成品的作用，如（　）。

A. 月饼　B. 荷叶夹　C. 八宝饭　D. 麻球

6. 镶嵌是在（　）生坯中嵌入一定的原料，然后再成熟。

A. 糕点　B. 包子　C. 酥点　D. 饺子

7. 糍毛团、椰丝团是通过（　）成形方法。

A. 捏　B. 按　C. 滚粘　D. 形模

8. 木鱼饺的成形方法属于（　）。

A. 花式捏法　B. 一般捏法　C. 推捏　D. 叠捏

9. 推捏、叠捏等手法是（　）捏法。

A. 花式　B. 一般　C. 单一　D. 复杂

10. 运用推捏法可捏成（　）。

A. 四喜饺　B. 月牙饺　C. 木耳饺　D. 一品饺

11. 蝴蝶饺、蜻蜓饺是运用（　）捏制。

A. 推捏　B. 折捏　C. 提捏　D. 叠捏

12. 煎饼成形必须要用（　）把糨糊面团摊开成熟。

A. 刮子　B. 筷子　C. 匙子　D. 钳子

13. 春卷皮子是（　）成形方法。

A. 东北人　B. 陕西人　C. 南方人　D. 藏族

14. 摊春卷皮子必须要掌握锅的温度，选用（　）。

A. 大火　B. 中火　C. 小火　D. 中小火

15. 春卷皮子选用的原料为（　）。

A. 低筋粉　B. 优等面粉　C. 优等米粉　D. 优质淀粉

16. 压、掀、摁属于（　）的成形法。

A. 按　B. 拧　C. 抻　D. 捏

17. “按”就是将包好的食品生坯用手掌按扁压圆成形的一种方法，制品如（　）。

A. 凤梨酥　B. 煎饼　C. 春卷　D. 南瓜饼

18. 拧的成形法一般可分为（　）种。

A. 4　B. 3　C. 2　D. 5

19. 天津大麻花的成形方法是（　）。

A. 按　B. 抻　C. 拧　D. 卷

面点成熟技术

一、判断题（将判断结果填入括号中。正确的填“√”，错误的填“×”）

1. 火力是指煤气大小。（　）
2. 成熟的热能是研究加热的方法及传导的强弱。（　）
3. 烤箱炉内热量是通过辐射传导和对流的方式使制品成熟。（　）
4. 水烙就是在烙制点心时，锅底加水，将生坯贴在锅的边缘，使点心成熟。（　）
5. 牛肉煎包是利用水油煎成熟的点心。（　）
6. 复合加热法与单一加热法的不同在于，成熟工艺中往往用多种熟制方法配合使用。（　）

二、单项选择题（选择一个正确的答案，将相应的字母填入题内的括号中）

1. 有效地、能动性地控制好加热过程中的（　　），是保证成熟质量的关键。

A. 煤气　　B. 电力　　C. 火力　　D. 温度

2. 火力包括燃烧火与电热能两种，是产生热，形成（　　）的主要因素。

A. 能量　　B. 热能

C. 电能　　D. 以上选项均不正确

3. 运用好加热温度，必须了解和熟悉被成熟品的风味要求及（　　）方法。

A. 加热　　B. 成熟　　C. 加温　　D. 传热

4. 有效地、能动性地控制好加热过程中的（　　），使保证成熟质量的关键。

A. 温度　　B. 时间　　C. 火候　　D. 热传导

5. 通过辐射、传导、对流的方法成熟的成品外酥脆内松软，或（　　），富有弹性。

A. 外硬内软　　B. 外软内硬　　C. 内外绵软　　D. 内外脆硬

6. 水烙是利用锅的（　　）作用使生坯底部烙成金黄色。

A. 辐射　　B. 传热　　C. 水温　　D. 水蒸气

7. 烙是通过（　　）受热后的热传导作用使生坯成熟的方法。

A. 煤气　　B. 金属　　C. 成品　　D. 油温

8. 烤就是用各种烘烤炉内产生的温度，通过（　　）、传导和对流三种热能传递方式，使生坯成熟的方法。

A. 传热　　B. 传解　　C. 金属　　D. 辐射

9. 单一加热法中的煎分为（　　）和水油煎两种。

A. 水粉煎　　B. 油煎　　C. 干煎　　D. 水煎

10. 水油煎是利用油和（　　）两种传热的辅助介质使生坯成熟的方法。

A. 煤气　　B. 水　　C. 金属　　D. 平锅

11. 复合加热法与单一加热法的不同在于，成熟工艺中往往要（　　）方法配合使用。

A. 多种熟制　　B. 1 种以上　　C. 3 种　　D. 3 种以上

12. 油煎馄饨是用（　　）成熟的。

A. 油煎　　B. 复合加油　　C. 水油煎　　D. 干煎

面点风味特色

一、判断题（将判断结果填入括号中。正确的填“√”，错误的填“×”）

1. 广式面点是以广州、潮州、东江三个地区的面点为主形成的。（ ）

2. 糯米鸡取料就是鸡和糯米。（ ）

3. 苏式面点就是以长江以北扬州、泰州、台州三个地方形成的地方风味。（ ）

4. 川式面点是成都、重庆两个地方为主形成的风味。（ ）

二、单项选择题（选择一个正确的答案，将相应的字母填入题内的括号中）

1. 广式面点口味讲究鲜、嫩、（ ）。

A. 滑爽 B. 黏糯 C. 清淡 D. 偏甜

2. 广式面点一般夏秋力求（ ），冬春偏重。

A. 浓油 B. 香醇 C. 香甜 D. 浓醇

3. 茯苓饼作为贡品，口味（ ）。

A. 偏淡 B. 偏甜 C. 偏浓 D. 偏咸

4. 北京的（ ）闻名遐迩。

A. 炸酱面 B. 打卤面 C. 阳春面 D. 菜汤面

5. 川式烹饪在选料方面认真严谨，刀工精细，注重清鲜，（ ）。

A. 制作精良 B. 制作简单 C. 制作多样 D. 制作方便

6. 川式面点口味以辣、麻、酸、香，取名大多以口味而命名，其著名饺子，取名（ ）。

A. 鲜肉水饺 B. 白菜水饺 C. 红油水饺 D. 韭菜水饺

7. 珍珠圆子的成形方法是先包捏后（ ）。

A. 镶嵌 B. 滚贴 C. 按叠 D. 翻抻

8. 重庆枣糕取料为（ ）、核桃仁、蜜饯、瓜条和鸡蛋等。

A. 蜜枣 B. 大红枣 C. 黑枣 D. 小红枣

面点原料保管

一、判断题（将判断结果填入括号中。正确的填“√”，错误的填“×”）

1. 引起原料质变的物理因素是环境。（　　）
2. 面包发霉属于化学因素的变化。（　　）
3. 粮食是有生命的活体，它不断地进行着新陈代谢，并时刻受到外界环境因素的影响。（　　）
4. 冷却肉就是放在冷库的冷冻室冷冻的肉。（　　）
5. 活鲜水产品包括鱼、虾、蟹、蛇等。（　　）
6. 新鲜的蔬果是有生命的有机体，也是一类易腐坏的原料。（　　）
7. 干货包装应具有良好的防御性，以用包装纸包装较好。（　　）
8. 食品添加剂须密封保存，防止失效。（　　）
9. 高温保藏法可以适应所有的烹饪原料使用。（　　）
10. 脱水保藏法在餐饮部中使用不多。（　　）
11. 酸汁保藏法是改变原料中的酸碱度，破坏微生物生存条件的一种方法。（　　）
12. 化学防腐剂保藏法适用所有的食品原料。（　　）

二、单项选择题（选择一个正确的答案，将相应的字母填入题内的括号中）

1. 引起原料质变的因素有物理因素、（　　）、生物学因素。
   A. 化学因素　　B. 微生物因素
   C. 温度因素　　D. 环境因素
2. 粮食和蔬菜在阳光下可因温度的升高而引起（　　）。
   A. 发黄　　B. 腐烂　　C. 变质　　D. 发芽
3. 引起原料质变的化学因素，有自然分解和（　　）。
   A. 空气作用　　B. 氧化作用
   C. 微生物腐烂　　D. 湿度影响
4. 空气引起的氧化作用是导致烹饪原料（　　）的主要因素。

A. 腐败　　B. 温度变化
C. 微生物变化　　D. 质量变化

5. 当粮温上升到（　　）℃时，会发酸发臭，颜色由黄转为黑红，失去食用价值。
A. 34　　B. 50　　C. 20　　D. 60

6. 粮食保管时应严格做到控制（　　）。
A. 粮温的变化　　B. 仓库温度的变化
C. 储藏时间　　D. 储藏地点

7. 粮食具有（　　），在潮湿环境中可吸收水分，体积膨胀。
A. 呼吸性　　B. 吸湿性　　C. 吸水性　　D. 吸氧性

8. 肉类保管的目的在于保持最好的（　　）。
A. 新鲜度　　B. 鲜香度　　C. 水分　　D. 蛋白质

9. 冷却肉，是指屠宰后经过冷却，但未经（　　）的畜禽肉。
A. 低温处理　　B. 低温冷冻　　C. 低温冷藏　　D. 低温速冻

10. 鲜水产品的保管一般有（　　）种方法。
A. 5　　B. 4　　C. 3　　D. 2

11. 保管新鲜蔬果应控制适宜的（　　），创造适宜的环境。
A. 温湿度　　B. 干湿度　　C. 温度　　D. 湿度

12. 水果、蔬菜腐烂变质属于（　　）因素变化。
A. 氧化　　B. 环境　　C. 微生物　　D. 自然分解

13. 创造适宜环境，能保持蔬果的正常的最低限度的生命活力，减少营养物质的损耗，延长（　　）。
A. 生命　　B. 储藏期　　C. 存放期　　D. 脱水期

14. 干货原料的保管储存要注意三点，包装应具有良好的（　　）。
A. 含氧量　　B. 防潮性　　C. 透气性　　D. 干燥性

15. 鲍鱼、海参经过脱水干制属于（　　）制品。
A. 活鲜　　B. 肉类　　C. 干货　　D. 新鲜

16. 食用油脂在酸败过程中，产生哈喇、（　　）、酸和辛辣等异味。

A. 臭　　B. 怪　　C. 甜　　D. 苦

17. 食物储存时应注意选择干燥、（　　）的环境。

A. 封闭　　B. 低恒　　C. 通风　　D. 高温

18. 食糖具有（　　）、溶化、结块、干缩、吸收异味的特性。

A. 怕潮吸湿　　B. 怕干吸湿　　C. 高温吸湿　　D. 低温吸湿

19. 食糖储存时应注意选择干燥，相对湿度应保持在（　　）。

A. 60%～65%　　B. 30%～40%

C. 40%～50%　　D. 50%～60%

20. 由于食盐吸湿性较强，易发生（　　）、干缩和结块现象。

A. 氧化　　B. 潮解　　C. 变色　　D. 异味

21. 食盐保管相对湿度应低于（　　）。

A. 40%　　B. 50%　　C. 60%　　D. 70%

22. 保管食盐时要求（　　），通风，清洁卫生。

A. 环境干燥　　B. 环保　　C. 环境卫生　　D. 环境整洁

23. 鲜蛋保存中有“四怕”，怕水洗、（　　）、怕潮湿、怕苍蝇叮。

A. 怕变质　　B. 怕低温　　C. 怕高温　　D. 暴晒

24. 鲜蛋被苍蝇叮后会（　　）。

A. 变质　　B. 变味　　C. 发臭　　D. 生蛆

25. 食品添加剂一般应该存放于（　　）、阴凉、干燥处保管。

A. 避阴　　B. 避光　　C. 避风　　D. 避潮

26. 食品添加剂受潮，会影响使用（　　）。

A. 质量　　B. 寿命　　C. 效果　　D. 安全

27. 低温（　　）以下可以抑制微生物的生长繁殖，还能延缓或完全停止原料内部的变化过程。

A. 8℃　　B. 6℃　　C. 4℃　　D. 2℃

28. 一般的烹饪原料可以用（　　）的方法保藏。

A. 冷冻　　B. 高温　　C. 冷藏　　D. 脱水

29. 鱼类可以在（　　）℃以下，而蔬果就不宜过低。

A. 2　　B. 1　　C. 0　　D. −1

30. 蛋白质在（　　）℃时就会凝固，不再溶解。

A. 70　　B. 60　　C. 50　　D. 40

31. 随着水温的升高，原料中的（　　）也随之死亡，从而防止原料因自身的呼吸作用而变质。

A. 微生物　　B. 害虫　　C. 病虫　　D. 有害物

32. 高温可以保持某些原料的质量，防止微生物的作用而（　　）。

A. 腐烂　　B. 霉变　　C. 变质　　D. 变色

33. 脱水就把原料中的水分晒干、烘干，以降低其（　　）。

A. 含水量　　B. 溶量　　C. 成本　　D. 库存

34. 脱水保藏法多用于蔬菜、（　　）、海味。

A. 野味　　B. 畜类　　C. 禽类　　D. 山珍

35. 脱水后的原料能保持一定的（　　）状态，使微生物因得不到水分而失去生物活性，达到保藏食物的目的。

A. 静态　　B. 静止　　C. 干燥　　D. 无氧

36. 密封保藏法是将原料严密（　　）在一定的容器内。

A. 扣　　B. 装　　C. 盛放　　D. 封闭

37. 密封就是隔绝空气、日光，以防止原料被污染和（　　）。

A. 风化　　B. 破坏　　C. 氧化　　D. 溶化

面点管理

一、判断题（将判断结果填入括号中。正确的填“√”，错误的填“×”）

1. 原料采购要坚持比质比价、择优进货的原则。（　　）

2. 供求信息来自市场货源行情的变化，也来自采购员掌握的信息。（　　）

3. 生产流程就是指生产过程中的各个工序的链接。（　　）

4. 厨房个人卫生坚持做“四勤”“五不”制。（　　）

5. 在餐饮业的作业过程中，常常存在着一些不安全的因素。（　　）

6. 茶点服务可以是企业公司、团体的大型招待会、茶话费、新闻发布会。（　　）

7. 茶点的供应方式不同于正式宴会，但与自助餐相似。（　　）

8. 立式服务就是服务员站立式等候服务。（　　）

9. 国宴是最高、最隆重的宴会形式。（　　）

10. 正式宴会除了不奏国歌，其余与国宴相同。（　　）

11. 便宴是一种比较简易的正式宴会。（　　）

12. 冷餐会也称酒会。（　　）

13. 艺术是用形象来反映现实。（　　）

14. 对比色是指黑色与白色。（　　）

15. 图案是造型艺术的重要内容之一。（　　）

16. 在色调处理中，还要考虑到食用原料的多样化选择，口味的精美，以及利用色剂达到色调的要求。（　　）

17. 实用性研究的是美味佳肴，是实用要求与审美要求交叉结合的科学。（　　）

18. 装饰点心的构图思路有起伏线和“S”形构图两种。（　　）

二、单项选择题（选择一个正确的答案，将相应的字母填入题内的括号中）

1. 原材料的采购必须坚持（　　）的原则。

A. 以销定进　　B. 以进促销　　C. 勤进快销　　D. 快进慢销

2. 对货源紧张，供小于求的原料，适当多采购，保持必要的（　　）。

A. 库存　　B. 储藏　　C. 储备　　D. 数量

3. 餐厅要从销售的角度反映消费对饮食的品种的要求信息，厨房要从生产角度提供各种原料（　　）的信息。

A. 使用　　B. 消费　　C. 损耗　　D. 消耗

4. 注意研究各个工序与产品的关系，制定出每道工序与产品的关系，制定出每道工序的操作要领和应达到的要求标准，即操作（　　）。

A. 生产规范　　B. 工种规范　　C. 工序规范　　D. 工艺规范

5. 各个工序、工种、工艺的密切配合（　　）即构成生产流程。
A. 密切　　B. 联系　　C. 联合　　D. 衔接
6. “食品卫生法”要求全体职工严格执行食品卫生（　　）制。
A. 五四　　B. 个人　　C. 健康　　D. 安全
7. 厨房环境卫生要坚持做到“六定”方针，即定人、定物、定时、（　　）、定程序。
A. 定质量　　B. 定环境　　C. 定次数　　D. 定规格
8. 餐饮人员、食品生产人员必须持有（　　）证，才可上岗。
A. 岗位培训　　B. 卫生体检合格
C. 劳动上岗　　D. 业务培训上岗
9. 建立严格的安全生产责任制，排除（　　）不安全因素，把事故消灭在萌芽之中。
A. 存在　　B. 困难　　C. 苗子　　D. 潜在
10. 生产管理主要是指流程管理、生产卫生管理和（　　）。
A. 加工管理　　B. 产品管理
C. 生产安全管理　　D. 质量管理
11. 管理者应注意开展经常性的安全教育和（　　），配置必要的安全防护设备。
A. 宣传　　B. 检查　　C. 培训　　D. 措施
12. 茶点服务的特点是以品茶为主，以品（　　）为辅。
A. 菜肴　　B. 点心　　C. 冷菜　　D. 饮料
13. 茶点服务的要求是时间灵活，形式自由，（　　），规格较小，方便食用。
A. 品种多样，甜点为主　　B. 咸点较多
C. 甜品为辅　　D. 自取自吃
14. 茶话会、招待会形式的服务，应随点心上一些干、鲜、（　　），以调剂口味。
A. 蜜饯　　B. 菜肴　　C. 制品　　D. 果品
15. 茶点服务要做到品种多样，（　　）为主。
A. 咸点　　B. 甜点　　C. 干点　　D. 湿点
16. 茶点配花签是很有（　　）的。
A. 用处　　B. 必要　　C. 研究　　D. 需要

17. 宴会服务种类有国宴、正式宴会、（　　）、冷餐会。

A. 晚宴　　B. 鸡尾酒会　　C. 自助餐　　D. 便宴

18. 便宴形式简便，（　　），是宾主相互交往、互相了解、增进友谊的一种形式。

A. 不拘形式　　B. 不拘规格　　C. 不拘礼仪　　D. 不拘小节

19. 冷餐会通常采用长桌，不设主宾席，也没有（　　）的座位。

A. 指定　　B. 贵宾　　C. 主人　　D. 固定

20. 冷餐会宾主可以自由走动，相互敬酒交谈，餐点由宾主自取，服务员（　　）。

A. 主动服务　　B. 上前斟酒　　C. 走动服务　　D. 指点服务

21. 造型艺术是用一定的物质材料，塑造可视的平面或（　　）的形象。

A. 抽象　　B. 立体　　C. 视觉　　D. 感觉

22. 我国糕点食品的（　　）种类繁多，不同地区、不同帮式有不同的造型。

A. 造型　　B. 塑造　　C. 成形　　D. 经营

23. 光色即（　　）本来的颜色。

A. 白色　　B. 光源　　C. 原色　　D. 色彩

24. 色度指（　　）的深浅程度。

A. 颜色　　B. 光源　　C. 原色　　D. 色彩

25. 暖色是指能给人以（　　）而温暖的颜色。

A. 火红　　B. 凉爽　　C. 深浅　　D. 热烈

26. 图案普遍的存在于烹饪（　　）中。

A. 实践　　B. 操作　　C. 现象　　D. 理论

27. 烹饪美术图案的构图方法一般以（　　）为核心，上下左右对称呼应。

A. 点　　B. 圆　　C. 面　　D. 中心

28. 面点的造型也是一种独特的（　　）创作。

A. 图案　　B. 绘画　　C. 雕塑　　D. 构思

29. 烹饪美术的色追求，是通过美的色彩来反映美的原料，体现美的（　　）。

A. 欲望　　B. 味觉　　C. 食欲　　D. 视觉

30. 船点中的青椒制作是用（　　）调制成。

A. 靛蓝＋黄色　　B. 靛蓝＋红色
C. 红色＋橙色　　D. 绿色＋红色

31. 船点制作色泽要求（　　）。
A. 淡　　B. 亮　　C. 深　　D. 鲜艳

32. 饮食及饮食活动过程中创造和审美的掌握、研究和（　　）。
A. 总结　　B. 概括　　C. 发现　　D. 制作

33. 烹饪美学是研究人与饮食烹饪之间（　　）美。
A. 制造　　B. 发现　　C. 创造　　D. 体现

34. 烹饪美学也是研究（　　）关系的一门学科。
A. 审美　　B. 绘画　　C. 创作　　D. 视觉

35. 烹饪美学具有横向交叉性、（　　）的特点。
A. 装饰性　　B. 实用性　　C. 食用性　　D. 综合性

36. 烹饪美学是立体造型艺术、（　　）艺术的相互融合。
A. 平面造型　　B. 雕塑　　C. 绘画　　D. 视觉

37. 装饰点心的原料一定是可（　　）的。
A. 绿色　　B. 安全　　C. 食用　　D. 保鲜

38. 装饰点心一定要做到造型精巧、色彩明快、（　　）讲究。
A. 色彩　　B. 口味　　C. 对比　　D. 食用

39. 各种构图方法都以不同的形式美给人（　　）的享受。
A. 审美　　B. 艺术　　C. 唯美　　D. 视觉

第 4 部分

操作技能复习题

制皮

擀烧卖皮（试题代码[①]：1. 1. 1；考核时间：建议为 15 min）

详见第 6 部分操作技能考核模拟试卷。

制馅心

炒制三丝馅（试题代码：2. 1. 1；考核时间：建议为 15 min）

详见第 6 部分操作技能考核模拟试卷。

水调面团类点心制作

一、温水面团类点心制作——兰花饺（试题代码：3. 1. 2；考核时间：建议为 30 min）

1. 试题单

（1）操作条件

---

① 试题代码表示该试题在操作技能考核方案表格中的所属位置。左起第一位表示项目号，第二位表示单元号，第三位表示在该项目、单元下的第几个试题。

1）面粉 150 g。

2）肉馅 100 g。

3）馅挑 1 根。

4）擀面杖 1 根。

5）面刮板 1 块。

（2）操作内容

1）调制温水面团。

2）制作兰花饺。

3）蒸制兰花饺。

（3）操作要求

1）规格：送评兰花饺 6 只（每只皮坯 12 g、鲜肉馅 8 g）。

2）色泽：皮坯呈半透明、光洁。

3）形态：花瓣对称，大小均匀，形似兰花（6 只符合标准）。

4）口味：咸淡适中，馅心嫩滑。

5）火候：火候掌握恰当（成品不夹生，皮子不粘牙）。

6）质感：面团软硬适中，皮坯有可塑性。

2. 评分表

试题代码及名称		3.1.2 温水面团类点心制作——兰花饺			鉴定时限			建议为 30 min		
评价要素		配分	等级	评分细则	评定等级					得分
					A	B	C	D	E	
1	色泽：皮坯呈半透明、光洁	2	A	皮坯呈半透明状、光洁						
			B	皮坯不透明、光洁						
			C	皮坯不透明、不光洁						
			D	皮坯不透明、很不光洁						
			E	未答题						

续表

试题代码及名称		3.1.2　温水面团类点心制作——兰花饺			鉴定时限			建议为 30 min		
评价要素		配分	等级	评分细则	评定等级					得分
					A	B	C	D	E	
2	形态：花瓣对称，大小均匀，形似兰花（6 只符合标准）	5	A	花瓣对称、大小均匀、形似兰花（6 只符合标准）						
			B	花瓣对称、大小不均匀、形似兰花（5 只符合标准）						
			C	花瓣不对称、大小不均匀、形似兰花（4 只符合标准）						
			D	花瓣不对称、大小不均匀、形态差（3 只符合标准）						
			E	差或未答题						
3	口味：咸淡适中，馅心嫩滑	3	A	咸淡适中、馅心嫩滑						
			B	咸淡尚可、馅心一般						
			C	略咸或略淡、馅心不嫩滑						
			D	过咸或过淡、馅心不嫩滑						
			E	未答题						
4	火候：火候掌握恰当（成品不夹生，皮子不粘牙）	3	A	火候掌握恰当（皮子不夹生，皮子不粘牙）						
			B	火候掌握一般（皮子不粘牙）						
			C	火候掌握欠佳（皮子粘牙）						
			D	没有掌握好火候（成品夹生）						
			E	未答题						
5	质感，面团软硬适中，皮坯有可塑性	4	A	面团软硬适中，皮坯有可塑性						
			B	面团软，皮坯无可塑性						
			C	面团硬，皮坯无可塑性						
			D	面团过硬或过软，皮坯无可塑性						
			E	未答题						

续表

试题代码及名称		3.1.2 温水面团类点心制作——兰花饺			鉴定时限		建议为30 min		
评价要素		配分	等级	评分细则	评定等级				得分
					A	B	C	D	E	
6	现场操作过程：规范、熟练、卫生、安全	3	A	符合要求						
			B	符合3项要求						
			C	符合2项要求						
			D	符合1项要求						
			E	差或未答题						
合计配分		20	合计得分							

等级	A（优）	B（良）	C（及格）	D（较差）	E（差或未答题）
比值	1.0	0.8	0.6	0.2	0

“评价要素”得分＝配分×等级比值。

二、温水面团类点心制作——白菜饺（试题代码：3.1.3；考核时间：建议为30 min）

1. 试题单

（1）操作条件

1）面粉150 g。

2）肉馅100 g。

3）馅挑1根。

4）擀面杖1根。

5）面刮板1块。

（2）操作内容

1）调制温水面团。

2）制作白菜饺。

3）蒸制白菜饺。

（3）操作要求

1）规格：送评白菜饺6只（每只皮坯12 g、鲜肉馅6 g）。

2）色泽：皮坯呈半透明、光洁。

3）形态：叶瓣对称，大小均匀，形似白菜（6 只符合标准）。

4）口味：咸淡适中，馅心嫩滑。

5）火候：火候掌握恰当（成品不夹生、皮子不粘牙）。

6）质感：面团软硬适中，皮坯有可塑性。

2. 评分表

试题代码及名称		3.1.3　温水面团类点心制作——白菜饺			鉴定时限		建议为 30 min			
评价要素		配分	等级	评分细则	评定等级					得分
					A	B	C	D	E	
1	色泽：皮坯呈半透明、光洁	2	A	皮坯呈半透明状、光洁						
			B	皮坯不透明、光洁						
			C	皮坯不透明、不光洁						
			D	皮坯不透明、很不光洁						
			E	未答题						
2	形态：叶瓣对称，大小均匀，形似白菜（6 只符合标准）	5	A	叶瓣对称，大小均匀，形似白菜（6 只符合标准）						
			B	叶瓣对称，大小不均匀，形似白菜（5 只符合标准）						
			C	叶瓣不对称，大小不均匀，形似白菜（4 只符合标准）						
			D	叶瓣不对称，大小不均匀，形态差（3 只符合标准）						
			E	差或未答题						
3	口味：咸淡适中、馅心嫩滑	3	A	咸淡适中、馅心嫩滑						
			B	咸淡尚可、馅心一般						
			C	略咸或略淡、馅心不嫩滑						
			D	过咸或过淡、馅心不嫩滑						
			E	未答题						

续表

<table>
<tr><td colspan="2">试题代码及名称</td><td colspan="3">3.1.3　温水面团类点心制作——白菜饺</td><td colspan="3">鉴定时限</td><td colspan="3">建议为 30 min</td></tr>
<tr><td colspan="2" rowspan="2">评价要素</td><td rowspan="2">配分</td><td rowspan="2">等级</td><td rowspan="2">评分细则</td><td colspan="5">评定等级</td><td rowspan="2">得分</td></tr>
<tr><td>A</td><td>B</td><td>C</td><td>D</td><td>E</td></tr>
<tr><td rowspan="5">4</td><td rowspan="5">火候：火候掌握恰当（成品不夹生，皮子不粘牙）</td><td rowspan="5">3</td><td>A</td><td>火候掌握恰当（成品不夹生、皮子不粘牙）</td><td rowspan="5"></td><td rowspan="5"></td><td rowspan="5"></td><td rowspan="5"></td><td rowspan="5"></td><td rowspan="5"></td></tr>
<tr><td>B</td><td>火候掌握一般（皮子不粘牙）</td></tr>
<tr><td>C</td><td>火候掌握欠佳（皮子粘牙）</td></tr>
<tr><td>D</td><td>没有掌握好火候（成品夹生）</td></tr>
<tr><td>E</td><td>未答题</td></tr>
<tr><td rowspan="5">5</td><td rowspan="5">质感：面团软硬适中，皮坯有可塑性</td><td rowspan="5">4</td><td>A</td><td>面团软硬适中，皮坯有可塑性</td><td rowspan="5"></td><td rowspan="5"></td><td rowspan="5"></td><td rowspan="5"></td><td rowspan="5"></td><td rowspan="5"></td></tr>
<tr><td>B</td><td>面团软，皮坯无可塑性</td></tr>
<tr><td>C</td><td>面团硬，皮坯无可塑性</td></tr>
<tr><td>D</td><td>面团过硬或过软、皮坯无可塑性</td></tr>
<tr><td>E</td><td>未答题</td></tr>
<tr><td rowspan="5">6</td><td rowspan="5">现场操作过程：规范、熟练、卫生、安全</td><td rowspan="5">3</td><td>A</td><td>符合要求</td><td rowspan="5"></td><td rowspan="5"></td><td rowspan="5"></td><td rowspan="5"></td><td rowspan="5"></td><td rowspan="5"></td></tr>
<tr><td>B</td><td>符合 3 项要求</td></tr>
<tr><td>C</td><td>符合 2 项要求</td></tr>
<tr><td>D</td><td>符合 1 项要求</td></tr>
<tr><td>E</td><td>差或未答题</td></tr>
<tr><td colspan="2">合计配分</td><td>20</td><td colspan="7">合计得分</td><td></td></tr>
</table>

等级	A（优）	B（良）	C（及格）	D（较差）	E（差或未答题）
比值	1.0	0.8	0.6	0.2	0

“评价要素”得分＝配分×等级比值。

三、温水面团类点心制作——知了饺（试题代码：3.1.4；考核时间：建议为 30 min）

1. 试题单

（1）操作条件

1）面粉 150 g。

2）肉馅 100 g。

3）馅挑 1 根。

4）擀面杖 1 根。

5）面刮板 1 块。

（2）操作内容

1）调制温水面团。

2）制作知了饺。

3）蒸制知了饺。

（3）操作要求

1）规格：送评知了饺 6 只（每只皮坯 12 g、鲜肉馅 8 g）。

2）色泽：皮坯呈半透明、光洁。

3）形态：花边整齐，大小均匀，形似知了（6 只符合标准）。

4）口味：咸淡适中，馅心嫩滑。

5）火候：火候掌握恰当（成品不夹生，皮子不粘牙）。

6）质感：面团软硬适中，皮坯有可塑性。

2. 评分表

试题代码及名称		3.1.4 温水面团类点心制作——知了饺			鉴定时限		建议为 30 min			
评价要素		配分	等级	评分细则	评定等级					得分
					A	B	C	D	E	
1	色泽：皮坯呈半透明、光洁	2	A	皮坯呈半透明状、光洁						
			B	皮坯不透明、光洁						
			C	皮坯不透明、不光洁						
			D	皮坯不透明、很不光洁						
			E	未答题						

续表

试题代码及名称		3.1.4 温水面团类点心制作——知了饺			鉴定时限			建议为 30 min		
评价要素		配分	等级	评分细则	评定等级					得分
					A	B	C	D	E	
2	形态：花边整齐，大小均匀，形似知了（6 只符合标准）	5	A	花边整齐，大小均匀，形似知了（6 只符合标准）						
			B	花边整齐，大小不均匀，形似知了（5 只符合标准）						
			C	花边不整齐，大小不均匀，形似知了（4 只符合标准）						
			D	花边不整齐，大小不均匀，形态差（3 只符合标准）						
			E	差或未答题						
3	口味：咸淡适中，馅心嫩滑	3	A	咸淡适中，馅心嫩滑						
			B	咸淡尚可，馅心一般						
			C	略咸或略淡，馅心不嫩滑						
			D	过咸或过淡，馅心不嫩滑						
			E	未答题						
4	火候：火候掌握恰当（成品不夹生，皮子不粘牙）	3	A	火候掌握恰当（成品不夹生，皮子不粘牙）						
			B	火候掌握一般（皮子不粘牙）						
			C	火候掌握欠佳（皮子粘牙）						
			D	没有掌握好火候（成品夹生）						
			E	未答题						
5	质感：面团软硬适中，皮坯有可塑性	4	A	面团软硬适中，皮坯有可塑性						
			B	面团软，皮坯无可塑性						
			C	面团硬，皮坯无可塑性						
			D	面团过硬或过软，皮坯无可塑性						
			E	未答题						

续表

试题代码及名称		3.1.4　温水面团类点心制作——知了饺			鉴定时限			建议为 30 min		
评价要素		配分	等级	评分细则	评定等级					得分
					A	B	C	D	E	
6	现场操作过程：规范、熟练、卫生、安全	3	A	符合要求						
			B	符合 3 项要求						
			C	符合 2 项要求						
			D	符合 1 项要求						
			E	差或未答题						
合计配分		20		合计得分						

等级	A（优）	B（良）	C（及格）	D（较差）	E（差或未答题）
比值	1.0	0.8	0.6	0.2	0

“评价要素”得分＝配分×等级比值。

四、温水面团类点心制作——四喜饺（试题代码：3.1.5；考核时间：建议为 30 min）

1. 试题单

（1）操作条件

1）面粉 150 g。

2）肉馅 100 g。

3）馅挑 1 根。

4）擀面杖 1 根。

5）面刮板 1 块。

（2）操作内容

1）调制温水面团。

2）制作四喜饺。

3）蒸制四喜饺。

（3）操作要求

1）规格：送评四喜饺 6 只（每只皮坯 12 g、鲜肉馅 6 g）。

2）色泽：皮坯呈半透明、光洁。

3）形态：孔洞对称，大小均匀，装饰美观（6只符合标准）。

4）口味：咸淡适中，馅心嫩滑。

5）火候：火候掌握恰当（成品不夹生，皮子不粘牙）。

6）质感：面团软硬适中，皮坯有可塑性。

2. 评分表

试题代码及名称		3.1.5 温水面团类点心制作——四喜饺			鉴定时限				建议为 30 min	
评价要素		配分	等级	评分细则	评定等级					得分
					A	B	C	D	E	
1	色泽：皮坯呈半透明、光洁	2	A	皮坯呈半透明状、光洁						
			B	皮坯不透明、光洁						
			C	皮坯不透明、不光洁						
			D	皮坯不透明、很不光洁						
			E	未答题						
2	形态：孔洞对称，大小均匀，装饰美观（6只符合标准）	5	A	孔洞对称，大小均匀，装饰物可食用（6只符合标准）						
			B	孔洞对称，大小不太均匀，装饰一般（5只符合标准）						
			C	孔洞不对称，大小不均匀，装饰欠佳（4只符合标准）						
			D	形态不对称，形态较差（3只符合标准）						
			E	差或未答题						
3	口味：咸淡适中，馅心嫩滑	3	A	咸淡适中，馅心嫩滑						
			B	咸淡尚可，馅心不嫩滑						
			C	略咸或略淡，馅心硬						
			D	很咸或很淡，馅心硬						
			E	未答题						

续表

试题代码及名称		3.1.5　温水面团类点心制作——四喜饺			鉴定时限	建议为 30 min				
评价要素		配分	等级	评分细则	评定等级					得分
					A	B	C	D	E	
4	火候：火候掌握恰当（成品不夹生，皮子不粘牙）	3	A	火候掌握恰当（成品不夹生，皮子不粘牙）						
			B	火候掌握一般（皮子不粘牙）						
			C	火候掌握欠佳（皮子粘牙）						
			D	没有掌握好火候（成品夹生）						
			E	末答题						
5	质感：面团软硬适中，皮坯有可塑性	4	A	面团软硬适中，皮坯有可塑性						
			B	面团软，皮坯无可塑性						
			C	面团硬，皮坯无可塑性						
			D	面团过硬或过软，皮坯无可塑性						
			E	末答题						
6	现场操作过程：规范、熟练、卫生、安全	3	A	符合要求						
			B	符合 3 项要求						
			C	符合 2 项要求						
			D	符合 1 项要求						
			E	差或未答题						
合计配分		20	合计得分							

等级	A（优）	B（良）	C（及格）	D（较差）	E（差或未答题）
比值	1.0	0.8	0.6	0.2	0

“评价要素”得分＝配分×等级比值。

五、热水面团类点心制作——鲜肉蒸饺（试题代码：3.2.1；考核时间：建议为 30 min）

1. 试题单

（1）操作条件

1）面粉 150 g。

2）鲜肉馅 150 g。

3）擀面杖 1 根。

4）水适量。

（2）操作内容

1）调制热水调面团。

2）制作鲜肉蒸饺。

3）蒸制鲜肉蒸饺。

（3）操作要求

1）规格：送评鲜肉蒸饺 6 只（每只皮坯 15 g、鲜肉馅 12 g）。

2）色泽：光亮呈半透明状。

3）形态：大小均匀，花纹清晰、整齐，两角落地（6 只符合标准）。

4）口味：咸淡适中，馅心鲜香嫩爽。

5）火候：火候掌握恰当（成品不夹生，皮子不粘牙，花边处无干粉）。

6）质感：皮坯口感软糯。

2. 评分表

试题代码及名称		3.2.1　热水面团类点心制作——鲜肉蒸饺			鉴定时限			建议为 30 min		
评价要素		配分	等级	评分细则	评定等级					得分
					A	B	C	D	E	
1	色泽：光亮呈半透明状	2	A	光亮呈半透明状						
			B	不光亮呈半透明						
			C	不透明						
			D	色泽较暗						
			E	差或未答题						

续表

试题代码及名称		3.2.1　热水面团类点心制作——鲜肉蒸饺			鉴定时限	建议为 30 min				
评价要素		配分	等级	评分细则	评定等级					得分
					A	B	C	D	E	
2	形态：大小均匀，花纹清晰、整齐，两角落地（6只符合标准）	5	A	大小均匀，花纹清晰、整齐，两角落地（6只符合标准）						
			B	大小均匀，花纹一般（5只符合标准）						
			C	大小不均匀，花纹欠佳（4只符合标准）						
			D	大小不均匀，花纹不清晰、不整齐（3只符合标准）						
			E	差或未答题						
3	口味：咸淡适中，馅心鲜香嫩滑	3	A	咸淡适中，馅心鲜香嫩滑						
			B	咸淡尚可，馅心鲜香不嫩滑						
			C	略咸或略淡						
			D	过咸或过淡						
			E	差或未答题						
4	火候：火候掌握恰当（成品不夹生，皮子不粘牙，花边处无干粉）	3	A	火候掌握恰当（成品不夹生，皮子不粘牙，花边处无干粉）						
			B	火候掌握一般（皮子不粘牙，花边处无干粉）						
			C	火候掌握欠佳（皮子粘牙）						
			D	没有掌握好火候（成品夹生）						
			E	未答题						
5	质感：面团软硬适中，皮坯软糯	4	A	面团软硬适中，皮坯软糯						
			B	面团软，皮坯软糯						
			C	面团硬，皮坯不软糯						
			D	面团过硬或过软						
			E	未答题						

续表

试题代码及名称		3.2.1 热水面团类点心制作——鲜肉蒸饺		鉴定时限	建议为 30 min				
评价要素		配分	等级	评分细则	评定等级				得分
					A	B	C	D	E	
6	现场操作过程：规范、熟练、卫生、安全	3	A	符合要求						
			B	符合 3 项要求						
			C	符合 2 项要求						
			D	符合 1 项要求						
			E	差或未答题						
合计配分		20	合计得分							

等级	A（优）	B（良）	C（及格）	D（较差）	E（差或未答题）
比值	1.0	0.8	0.6	0.2	0

“评价要素”得分＝配分×等级比值。

六、热水面团类点心制作——素菜蒸饺（试题代码：3.2.2；考核时间：建议为 30 min）

1. 试题单

（1）操作条件

1）面粉 150 g。

2）素菜馅 150 g。

3）擀面杖 1 根。

4）水适量。

（2）操作内容

1）调制热水调面团。

2）制作素菜蒸饺。

3）蒸制素菜蒸饺。

（3）操作要求

1）规格：送评素菜蒸饺 6 只（每只皮坯 15 g、素菜馅 12 g）。

2）色泽：光亮呈半透明状。

3）形态：大小均匀，花纹清晰、整齐，两角落地（6 只符合标准）。

4）口味：咸淡适中、馅心鲜香嫩爽。

5）火候：火候掌握恰当（成品不夹生，皮子不粘牙，花边处无干粉）。

6）质感：皮坯口感软糯。

2. 评分表

<table>
<tr><td colspan="2">试题代码及名称</td><td colspan="3">3.2.2　热水面团类点心制作——素菜蒸饺</td><td colspan="3">鉴定时限</td><td colspan="3">建议为 30 min</td></tr>
<tr><td colspan="2" rowspan="2">评价要素</td><td rowspan="2">配分</td><td rowspan="2">等级</td><td rowspan="2">评分细则</td><td colspan="5">评定等级</td><td rowspan="2">得分</td></tr>
<tr><td>A</td><td>B</td><td>C</td><td>D</td><td>E</td></tr>
<tr><td rowspan="5">1</td><td rowspan="5">色泽：光亮呈半透明状</td><td rowspan="5">2</td><td>A</td><td>光亮呈半透明状</td><td rowspan="5"></td><td rowspan="5"></td><td rowspan="5"></td><td rowspan="5"></td><td rowspan="5"></td><td rowspan="5"></td></tr>
<tr><td>B</td><td>不光亮呈半透明</td></tr>
<tr><td>C</td><td>不透明</td></tr>
<tr><td>D</td><td>色泽较暗</td></tr>
<tr><td>E</td><td>差或未答题</td></tr>
<tr><td rowspan="5">2</td><td rowspan="5">形态：大小均匀，花纹清晰、整齐，两角落地（6 只符合标准）</td><td rowspan="5">5</td><td>A</td><td>大小均匀，花纹清晰、整齐，两角落地（6 只符合标准）</td><td rowspan="5"></td><td rowspan="5"></td><td rowspan="5"></td><td rowspan="5"></td><td rowspan="5"></td><td rowspan="5"></td></tr>
<tr><td>B</td><td>大小均匀，花纹一般（5 只符合标准）</td></tr>
<tr><td>C</td><td>大小不均匀，花纹欠佳（4 只符合标准）</td></tr>
<tr><td>D</td><td>大小不均匀，花纹不清晰、不整齐（3 只符合标准）</td></tr>
<tr><td>E</td><td>差或未答题</td></tr>
<tr><td rowspan="5">3</td><td rowspan="5">口味：咸淡适中，馅心鲜香嫩爽</td><td rowspan="5">3</td><td>A</td><td>咸淡适中，馅心鲜香嫩爽</td><td rowspan="5"></td><td rowspan="5"></td><td rowspan="5"></td><td rowspan="5"></td><td rowspan="5"></td><td rowspan="5"></td></tr>
<tr><td>B</td><td>咸淡尚可，馅心鲜香不嫩爽</td></tr>
<tr><td>C</td><td>略咸或略淡</td></tr>
<tr><td>D</td><td>过咸或过淡</td></tr>
<tr><td>E</td><td>未答题</td></tr>
</table>

续表

试题代码及名称		3.2.2 热水面团类点心制作——素菜蒸饺			鉴定时限			建议为 30 min		
评价要素		配分	等级	评分细则	评定等级					得分
					A	B	C	D	E	
4	火候：火候掌握恰当（成品不夹生，皮子不粘牙，花边处无干粉）	3	A	火候掌握恰当（成品不夹生，皮子不粘牙，花边处无干粉）						
			B	火候掌握一般（皮子不粘牙，花边处无干粉）						
			C	火候掌握欠佳（皮子粘牙）						
			D	没有掌握好火候（成品夹生）						
			E	未答题						
5	质感：面团软硬适中，皮坯软糯	4	A	面团软硬适中，皮坯软糯						
			B	面团软，皮坯软糯						
			C	面团硬，皮坯不软糯						
			D	面团过硬或过软						
			E	未答题						
6	现场操作过程：规范、熟练、卫生、安全	3	A	符合要求						
			B	符合 3 项要求						
			C	符合 2 项要求						
			D	符合 1 项要求						
			E	差或未答题						
合计配分		20	合计得分							

等级	A（优）	B（良）	C（及格）	D（较差）	E（差或未答题）
比值	1.0	0.8	0.6	0.2	0

“评价要素”得分＝配分×等级比值。

七、热水面团类点心制作——芹黄烧卖（试题代码：3.2.3；考核时间：建议为 30 min）

1. 试题单

(1) 操作条件

1) 面粉 150 g。

2）芹黄鲜肉馅 100 g。

3）水适量。

（2）操作内容

1）调制热水调面团。

2）制作芹黄烧卖。

3）蒸制芹黄烧卖。

（3）操作要求

1）规格：送评芹黄烧卖 6 只（每只皮坯 15 g、鲜肉馅 12 g）。

2）色泽：光亮呈半透明状。

3）形态：花纹均匀，大小一致，花边不破碎（6 只符合标准）。

4）口味：咸淡适中，馅心鲜香嫩滑。

5）火候：火候掌握恰当（成品不夹生，皮子不粘牙，花边处无干粉）。

6）质感：皮坯口感软糯。

2. 评分表

<table>
<tr><td colspan="2">试题代码及名称</td><td colspan="3">3.2.3 热水面团类点心制作——芹黄烧卖</td><td colspan="3">鉴定时限</td><td colspan="3">建议为 30 min</td></tr>
<tr><td colspan="2" rowspan="2">评价要素</td><td rowspan="2">配分</td><td rowspan="2">等级</td><td rowspan="2">评分细则</td><td colspan="5">评定等级</td><td rowspan="2">得分</td></tr>
<tr><td>A</td><td>B</td><td>C</td><td>D</td><td>E</td></tr>
<tr><td rowspan="5">1</td><td rowspan="5">色泽：光亮呈半透明状</td><td rowspan="5">2</td><td>A</td><td>光亮呈半透明状</td><td rowspan="5"></td><td rowspan="5"></td><td rowspan="5"></td><td rowspan="5"></td><td rowspan="5"></td><td rowspan="5"></td></tr>
<tr><td>B</td><td>不光亮呈半透明</td></tr>
<tr><td>C</td><td>不透明</td></tr>
<tr><td>D</td><td>色泽较暗</td></tr>
<tr><td>E</td><td>差或未答题</td></tr>
<tr><td rowspan="5">2</td><td rowspan="5">形态：花纹均匀，花边不破碎，大小一致（6 只符合标准）</td><td rowspan="5">5</td><td>A</td><td>花纹均匀，大小一致，花边不破碎（6 只符合标准）</td><td rowspan="5"></td><td rowspan="5"></td><td rowspan="5"></td><td rowspan="5"></td><td rowspan="5"></td><td rowspan="5"></td></tr>
<tr><td>B</td><td>花纹不均匀，大小一致，花边不破碎（5 只符合标准）</td></tr>
<tr><td>C</td><td>大小不一致，花边不破碎（4 只符合标准）</td></tr>
<tr><td>D</td><td>形态差（3 只符合标准）</td></tr>
<tr><td>E</td><td>差或未答题</td></tr>
</table>

续表

试题代码及名称		3.2.3 热水面团类点心制作——芹黄烧卖			鉴定时限	建议为30 min				
评价要素		配分	等级	评分细则	评定等级					得分
					A	B	C	D	E	
3	口味：咸淡适中，馅心鲜香嫩滑	3	A	咸淡适中，馅心鲜香嫩滑						
			B	咸淡尚可，馅心鲜香不嫩滑						
			C	略咸或略淡						
			D	过咸或过淡						
			E	未答题						
4	火候：火候掌握恰当（成品不夹生，皮子不粘牙，花边处无干粉）	3	A	火候掌握恰当（成品不夹生，皮子不粘牙，花边处无干粉）						
			B	火候掌握一般（皮子不粘牙，花边处无干粉）						
			C	火候掌握欠佳（皮子粘牙）						
			D	没有掌握好火候（成品夹生）						
			E	未答题						
5	质感：面团软硬适中，皮坯软糯	4	A	面团软硬适中，皮坯软糯						
			B	面团软，皮坯软糯						
			C	面团硬，皮坯不软糯						
			D	面团过硬或过软						
			E	未答题						
6	现场操作过程：规范、熟练、卫生、安全	3	A	符合要求						
			B	符合3项要求						
			C	符合2项要求						
			D	符合1项要求						
			E	差或未答题						
合计配分		20	合计得分							

等级	A（优）	B（良）	C（及格）	D（较差）	E（差或未答题）
比值	1.0	0.8	0.6	0.2	0

“评价要素”得分＝配分×等级比值。

膨松面团类点心制作

一、生物膨松面团类点心制作——三丁包（试题代码：4.1.2；考核时间：建议为 30 min）

1. 试题单

（1）操作条件

1）面粉 250 g。

2）水适量。

3）酵母、泡打粉适量。

4）三丁馅 150 g。

5）擀面杖 1 根。

（2）操作内容

1）调制膨松面团。

2）制作三丁包。

3）蒸制三丁包。

（3）操作要求

1）规格：送评 6 只（皮坯 35 g、馅心 15 g）。

2）色泽：皮坯洁白、光亮，馅心色淡金黄。

3）形态：花纹整齐、清晰，馅心居中，收口不漏卤汁，形态一致（花纹在 24 只以上）。

4）口味：馅心咸淡芡汁适中，有香味。

5）火候：火候掌握恰当（皮坯不暴裂、不粘牙、不缩瘪，6 只符合标准）。

6）质感：皮坯松软、有弹性，醒发适度。

2. 评分表

<table>
<tr><td colspan="2">试题代码及名称</td><td colspan="3">4.1.2 生物膨松面团类点心制作——三丁包</td><td colspan="3">鉴定时限</td><td colspan="3">建议为 30 min</td></tr>
<tr><td colspan="2" rowspan="2">评价要素</td><td rowspan="2">配分</td><td rowspan="2">等级</td><td rowspan="2">评分细则</td><td colspan="5">评定等级</td><td rowspan="2">得分</td></tr>
<tr><td>A</td><td>B</td><td>C</td><td>D</td><td>E</td></tr>
<tr><td rowspan="5">1</td><td rowspan="5">色泽：皮坯洁白、光亮，馅心色淡金黄</td><td rowspan="5">2</td><td>A</td><td>皮坯洁白、光亮，馅心色淡金黄</td><td rowspan="5"></td><td rowspan="5"></td><td rowspan="5"></td><td rowspan="5"></td><td rowspan="5"></td><td rowspan="5"></td></tr>
<tr><td>B</td><td>皮坯黄、无光亮</td></tr>
<tr><td>C</td><td>皮坯很黄、无光亮</td></tr>
<tr><td>D</td><td>皮坯色泽灰暗</td></tr>
<tr><td>E</td><td>差或未答题</td></tr>
<tr><td rowspan="5">2</td><td rowspan="5">形态：花纹整齐、清晰，馅心居中，收口不漏卤汁，形态一致（花纹在 24 只以上）</td><td rowspan="5">5</td><td>A</td><td>花纹整齐、清晰，馅心居中，收口不漏卤汁，形态一致（花纹在 24 只以上）</td><td rowspan="5"></td><td rowspan="5"></td><td rowspan="5"></td><td rowspan="5"></td><td rowspan="5"></td><td rowspan="5"></td></tr>
<tr><td>B</td><td>花纹不整齐、清晰，馅心居中，收口不漏卤汁，形态一致（花纹在 20 只以上）</td></tr>
<tr><td>C</td><td>花纹不整齐，不清晰，馅心居中，收口不漏卤汁，形态一致（花纹在 18 只以上）</td></tr>
<tr><td>D</td><td>花纹差，馅心不居中，收口漏卤汁，形态不一致（花纹在 16 只以上）</td></tr>
<tr><td>E</td><td>差或未答题</td></tr>
<tr><td rowspan="5">3</td><td rowspan="5">口味：馅心咸淡芡汁适中，有香味</td><td rowspan="5">3</td><td>A</td><td>馅心咸淡芡汁适中，有香味</td><td rowspan="5"></td><td rowspan="5"></td><td rowspan="5"></td><td rowspan="5"></td><td rowspan="5"></td><td rowspan="5"></td></tr>
<tr><td>B</td><td>馅心咸芡汁尚可，有香味</td></tr>
<tr><td>C</td><td>馅心淡芡汁一般</td></tr>
<tr><td>D</td><td>馅心口味较差，无香味</td></tr>
<tr><td>E</td><td>未答题</td></tr>
</table>

续表

试题代码及名称		4.1.2　生物膨松面团类点心制作——三丁包			鉴定时限		建议为 30 min			
评价要素		配分	等级	评分细则	评定等级					得分
					A	B	C	D	E	
4	火候：火候掌握恰当（皮坯不暴裂、不粘牙、不缩瘪，6 只符合标准）	3	A	火候掌握恰当（皮坯不暴裂、不粘牙、不缩瘪，6 只符合标准）						
			B	火候掌握一般（皮坯不暴裂、不粘牙，5 只符合标准）						
			C	火候掌握欠佳（皮坯开裂，缩瘪、4 只符合标准）						
			D	没有掌握好火候（皮坯暴裂、粘牙、夹生，3 只符合标准）						
			E	差或未答题						
5	质感：皮坯松软、有弹性，醒发适度	4	A	皮坯松软、有弹性，醒发适度（6 只符合标准）						
			B	皮坯松软、无弹性（5 只符合标准）						
			C	醒发过度，成品变形（4 只符合标准）						
			D	皮坯僵硬、漏馅，不醒发（3 只符合标准）						
			E	差或未答题						
6	现场操作过程：规范、熟练、卫生、安全	3	A	符合要求						
			B	符合 3 项要求						
			C	符合 2 项要求						
			D	符合 1 项要求						
			E	差或未答题						
合计配分		20	合计得分							

等级	A（优）	B（良）	C（及格）	D（较差）	E（差或未答题）
比值	1.0	0.8	0.6	0.2	0

“评价要素”得分＝配分×等级比值。

二、生物膨松面团类点心制作——小肉菜包（试题代码：4.1.3；考核时间：建议为 30 min）

1. 试题单

（1）操作条件

1）面粉 250 g。

2）小肉菜馅 150 g。

3）酵母、泡打粉适量。

4）擀面杖 1 根。

5）馅挑 1 根。

（2）操作内容

1）调制膨松面团。

2）制作小肉菜包。

3）蒸制小肉菜包。

（3）操作要求

1）规格：送评 6 只（皮坯 35 g、馅心 15 g）。

2）色泽：皮坯洁白、光亮。

3）形态：花纹整齐、清晰，馅心居中，收口不漏卤汁，形态一致（花纹在 24 只以上）。

4）口味：馅心咸淡适中，咸中带甜，有香味。

5）火候：火候掌握恰当（皮坯不暴裂、不粘牙、不缩瘪，6 只符合标准）。

6）质感：皮坯松软、有弹性，醒发适度。

2. 评分表

试题代码及名称		4.1.3　生物膨松面团类点心制作——小肉菜包			鉴定时限			建议为30 min		
评价要素		配分	等级	评分细则	评定等级					得分
					A	B	C	D	E	
1	色泽：皮坯洁白、光亮	2	A	皮坯洁白、光亮						
			B	皮坯黄、无光亮						
			C	皮坯很黄、无光亮						
			D	皮坯色泽灰暗						
			E	差或未答题						
2	形态：花纹整齐、清晰，馅心居中，收口不漏卤汁，形态一致（花纹在24只以上）	5	A	花纹整齐、清晰，馅心居中，收口不漏卤汁，形态一致（花纹在24只以上）						
			B	花纹不整齐、清晰，馅心居中，收口不漏卤汁，形态一致（花纹在20只以上）						
			C	花纹不整齐，不清晰，馅心居中，收口不漏卤汁，形态一致（花纹在18只以上）						
			D	花纹差、馅心不居中，收口漏卤汁、形态不一致（花纹在16只以上）						
			E	差或未答题						
3	口味：馅心咸淡适中，咸中带甜，有香味	3	A	馅心咸淡适中，咸中带甜，有香味						
			B	馅心咸淡适中，有香味						
			C	馅心咸淡一般						
			D	馅心口味较差						
			E	未答题						

续表

<table>
<tr><td colspan="2">试题代码及名称</td><td colspan="3">4.1.3　生物膨松面团类点心制作——小肉菜包</td><td colspan="2">鉴定时限</td><td colspan="4">建议为 30 min</td></tr>
<tr><td colspan="2" rowspan="2">评价要素</td><td rowspan="2">配分</td><td rowspan="2">等级</td><td rowspan="2">评分细则</td><td colspan="5">评定等级</td><td rowspan="2">得分</td></tr>
<tr><td>A</td><td>B</td><td>C</td><td>D</td><td>E</td></tr>
<tr><td rowspan="5">4</td><td rowspan="5">火候：火候掌握恰当（皮坯不暴裂、不粘牙、不缩瘪，6只符合标准）</td><td rowspan="5">3</td><td>A</td><td>火候掌握恰当（皮坯不暴裂、不粘牙、不缩瘪，6只符合标准）</td><td rowspan="5"></td><td rowspan="5"></td><td rowspan="5"></td><td rowspan="5"></td><td rowspan="5"></td><td rowspan="5"></td></tr>
<tr><td>B</td><td>火候掌握一般（皮坯不暴裂、不粘牙，5只符合标准）</td></tr>
<tr><td>C</td><td>火候掌握欠佳（皮坯开裂、缩瘪，4只符合标准）</td></tr>
<tr><td>D</td><td>没有掌握好火候（皮坯暴裂、粘牙、夹生，3只符合标准）</td></tr>
<tr><td>E</td><td>差或未答题</td></tr>
<tr><td rowspan="5">5</td><td rowspan="5">质感：皮坯松软、有弹性，醒发适度</td><td rowspan="5">4</td><td>A</td><td>皮坯松软、有弹性，醒发适度（6只符合标准）</td><td rowspan="5"></td><td rowspan="5"></td><td rowspan="5"></td><td rowspan="5"></td><td rowspan="5"></td><td rowspan="5"></td></tr>
<tr><td>B</td><td>皮坯松软、无弹性（5只符合标准）</td></tr>
<tr><td>C</td><td>醒发过度，成品变形（4只符合标准）</td></tr>
<tr><td>D</td><td>皮坯僵硬、漏馅，不醒发（3只符合标准）</td></tr>
<tr><td>E</td><td>差或未答题</td></tr>
<tr><td rowspan="5">6</td><td rowspan="5">现场操作过程：规范、熟练、卫生、安全</td><td rowspan="5">3</td><td>A</td><td>符合要求</td><td rowspan="5"></td><td rowspan="5"></td><td rowspan="5"></td><td rowspan="5"></td><td rowspan="5"></td><td rowspan="5"></td></tr>
<tr><td>B</td><td>符合3项要求</td></tr>
<tr><td>C</td><td>符合2项要求</td></tr>
<tr><td>D</td><td>符合1项要求</td></tr>
<tr><td>E</td><td>差或未答题</td></tr>
<tr><td colspan="2">合计配分</td><td>20</td><td colspan="7">合计得分</td><td></td></tr>
</table>

等级	A（优）	B（良）	C（及格）	D（较差）	E（差或未答题）
比值	1.0	0.8	0.6	0.2	0

“评价要素”得分＝配分×等级比值。

三、生物膨松面团类点心制作——雪笋包（试题代码：4.1.4；考核时间：建议为 30 min）

1. 试题单

(1) 操作条件

1）面粉 250 g。

2）酵母、泡打粉适量。

3）雪笋馅 150 g。

4）擀面杖 1 根。

5）水适量。

(2) 操作内容

1）调制膨松面团。

2）制作雪笋包。

3）蒸制雪笋包。

(3) 操作要求

1）规格：送评 6 只（皮坯 35 g、馅心 15 g）。

2）色泽：皮坯洁白、光亮。

3）形态：花纹整齐、清晰，馅心居中，收口不漏卤汁，形态一致（花纹在 24 只以上）。

4）口味：馅心咸淡芡汁适中，有香味。

5）火候：火候掌握恰当（皮坯不暴裂、不粘牙、不缩瘪，6 只符合标准）。

6）质感：皮坯松软、有弹性，醒发适度。

2. 评分表

试题代码及名称		4.1.4　生物膨松面团类点心制作——雪笋包			鉴定时限			建议为 30 min		
评价要素		配分	等级	评分细则	评定等级					得分
					A	B	C	D	E	
1	色泽：皮坯洁白、光亮	2	A	皮坯洁白、光亮						
			B	皮坯黄、无光亮						
			C	皮坯很黄、无光亮						
			D	皮坯色泽灰暗						
			E	差或未答题						
2	形态：花纹整齐、清晰，馅心居中，收口不漏卤汁，形态一致（花纹在 24 只以上）	5	A	花纹整齐、清晰，馅心居中，收口不漏卤汁，形态一致（花纹在 24 只以上）						
			B	外形圆整、不饱满，花纹不整齐、清晰，馅心居中，收口不漏卤汁，形态一致（花纹在 20 只以上）						
			C	外形不圆整、不饱满，花纹不整齐、不清晰，馅心居中，收口不漏卤汁，形态一致（花纹在 18 只以上）						
			D	外形不圆整、不饱满，花纹差，馅心不居中，收口漏卤汁，形态不一致（花纹在 16 只以上）						
			E	差或未答题						
3	口味：馅心咸淡芡汁适中，有香味	3	A	馅心咸淡芡汁适中，有香味						
			B	馅心咸淡芡汁尚可，有香味						
			C	馅心咸淡芡汁一般						
			D	馅心口味差，无香味						
			E	未答题						

续表

<table>
<tr><td colspan="2">试题代码及名称</td><td colspan="3">4.1.4　生物膨松面团类点心制作——雪笋包</td><td colspan="3">鉴定时限</td><td colspan="3">建议为 30 min</td></tr>
<tr><td colspan="2" rowspan="2">评价要素</td><td rowspan="2">配分</td><td rowspan="2">等级</td><td rowspan="2">评分细则</td><td colspan="5">评定等级</td><td rowspan="2">得分</td></tr>
<tr><td>A</td><td>B</td><td>C</td><td>D</td><td>E</td></tr>
<tr><td rowspan="5">4</td><td rowspan="5">火候：火候掌握恰当（皮坯不暴裂、不粘牙、不缩瘪，6 只符合标准）</td><td rowspan="5">3</td><td>A</td><td>火候掌握恰当（皮坯不暴裂、不粘牙、不缩瘪，6 只符合标准）</td><td rowspan="5"></td><td rowspan="5"></td><td rowspan="5"></td><td rowspan="5"></td><td rowspan="5"></td><td rowspan="5"></td></tr>
<tr><td>B</td><td>火候掌握一般（皮坯不暴裂、不粘牙，5 只符合标准）</td></tr>
<tr><td>C</td><td>火候掌握欠佳（皮坯开裂、缩瘪，4 只符合标准）</td></tr>
<tr><td>D</td><td>没有掌握好火候（皮坯暴裂、粘牙、夹生，3 只符合标准）</td></tr>
<tr><td>E</td><td>差或未答题</td></tr>
<tr><td rowspan="5">5</td><td rowspan="5">质感：皮坯松软、有弹性，醒发适度</td><td rowspan="5">4</td><td>A</td><td>皮坯松软、有弹性，醒发适度（6 只符合标准）</td><td rowspan="5"></td><td rowspan="5"></td><td rowspan="5"></td><td rowspan="5"></td><td rowspan="5"></td><td rowspan="5"></td></tr>
<tr><td>B</td><td>皮坯松软，无弹性（5 只符合标准）</td></tr>
<tr><td>C</td><td>醒发过度，成品变形（4 只符合标准）</td></tr>
<tr><td>D</td><td>皮坯僵硬、漏馅，不醒发（3 只符合标准）</td></tr>
<tr><td>E</td><td>差或未答题</td></tr>
<tr><td rowspan="5">6</td><td rowspan="5">现场操作过程：规范、熟练、卫生、安全</td><td rowspan="5">3</td><td>A</td><td>符合要求</td><td rowspan="5"></td><td rowspan="5"></td><td rowspan="5"></td><td rowspan="5"></td><td rowspan="5"></td><td rowspan="5"></td></tr>
<tr><td>B</td><td>符合 3 项要求</td></tr>
<tr><td>C</td><td>符合 2 项要求</td></tr>
<tr><td>D</td><td>符合 1 项要求</td></tr>
<tr><td>E</td><td>差或未答题</td></tr>
<tr><td colspan="2">合计配分</td><td>20</td><td colspan="7">合计得分</td><td></td></tr>
</table>

等级	A（优）	B（良）	C（及格）	D（较差）	E（差或未答题）
比值	1.0	0.8	0.6	0.2	0

“评价要素”得分＝配分×等级比值。

四、生物膨松面团类点心制作——奶黄秋叶包（试题代码：4.1.5；考核时间：建议为 30 min）

1. 试题单

（1）操作条件

1）面粉 250 g。

2）奶黄馅 150 g。

3）酵母、泡打粉适量。

4）擀面杖 1 根。

5）馅挑 1 根。

（2）操作内容

1）调制膨松面团。

2）制作奶黄秋叶包。

3）蒸制奶黄秋叶包。

（3）操作要求

1）规格：送评 6 只（皮坯 25 g、馅心 10 g）。

2）色泽：皮坯洁白、光亮。

3）形态：花纹均匀、清晰，馅心居中，形态一致，形如叶瓣（花纹在 10 只以上）。

4）口味：馅心细腻光亮，甜润适口。

5）火候：火候掌握恰当（皮坯不暴裂、不粘牙、不缩瘪，6 只符合标准）。

6）质感：皮坯松软、有弹性，醒发适度。

2. 评分表

<table>
<tr><td colspan="2">试题代码及名称</td><td colspan="3">4.1.5　生物膨松面团类点心制作——奶黄秋叶包</td><td colspan="2">鉴定时限</td><td colspan="4">建议为 30 min</td></tr>
<tr><td colspan="2" rowspan="2">评价要素</td><td rowspan="2">配分</td><td rowspan="2">等级</td><td rowspan="2">评分细则</td><td colspan="5">评定等级</td><td rowspan="2">得分</td></tr>
<tr><td>A</td><td>B</td><td>C</td><td>D</td><td>E</td></tr>
<tr><td rowspan="5">1</td><td rowspan="5">色泽：皮坯洁白、光亮</td><td rowspan="5">2</td><td>A</td><td>皮坯洁白、光亮</td><td rowspan="5"></td><td rowspan="5"></td><td rowspan="5"></td><td rowspan="5"></td><td rowspan="5"></td><td rowspan="5"></td></tr>
<tr><td>B</td><td>皮坯黄、无光亮</td></tr>
<tr><td>C</td><td>皮坯很黄、无光亮</td></tr>
<tr><td>D</td><td>皮坯色泽灰暗</td></tr>
<tr><td>E</td><td>差或未答题</td></tr>
<tr><td rowspan="5">2</td><td rowspan="5">形态：花纹均匀、清晰，馅心居中，形态一致，形如叶瓣（花纹在 10 只以上）</td><td rowspan="5">5</td><td>A</td><td>花纹均匀、清晰，馅心居中，形态一致，形如叶瓣（花纹在 10 只以上）</td><td rowspan="5"></td><td rowspan="5"></td><td rowspan="5"></td><td rowspan="5"></td><td rowspan="5"></td><td rowspan="5"></td></tr>
<tr><td>B</td><td>花纹均匀，馅心居中，形态一致，形如叶瓣（花纹在 8 只以上）</td></tr>
<tr><td>C</td><td>馅心居中，形态不一致（花纹在 6 只以上）</td></tr>
<tr><td>D</td><td>刺针不均匀、不清晰，形态差（花纹在 5 只以上）</td></tr>
<tr><td>E</td><td>差或未答题</td></tr>
<tr><td rowspan="5">3</td><td rowspan="5">口味：馅心细腻光亮，甜润适口</td><td rowspan="5">3</td><td>A</td><td>馅心细腻光亮，甜润适口</td><td rowspan="5"></td><td rowspan="5"></td><td rowspan="5"></td><td rowspan="5"></td><td rowspan="5"></td><td rowspan="5"></td></tr>
<tr><td>B</td><td>馅心细腻，甜润适口</td></tr>
<tr><td>C</td><td>馅心不细腻，甜度适口</td></tr>
<tr><td>D</td><td>口味粗糙，味差</td></tr>
<tr><td>E</td><td>未答题</td></tr>
</table>

续表

试题代码及名称		4.1.5 生物膨松面团类点心制作——奶黄秋叶包			鉴定时限			建议为 30 min		
评价要素		配分	等级	评分细则	评定等级					得分
					A	B	C	D	E	
4	火候：火候掌握恰当（皮坯不暴裂、不粘牙、不缩瘪，6只符合标准）	3	A	火候掌握恰当（皮坯不暴裂、不粘牙、不缩瘪，6只符合标准）						
			B	火候掌握一般（皮坯不暴裂、不粘牙，5只符合标准）						
			C	火候掌握欠佳（皮坯开裂、缩瘪，4只符合标准）						
			D	没有掌握好火候（皮坯暴裂、粘牙、夹生，3只符合标准）						
			E	差或未答题						
5	质感：皮坯松软、有弹性，醒发适度	4	A	皮坯松软、有弹性，醒发适度（6只符合标准）						
			B	皮坯松软、无弹性（5只符合标准）						
			C	醒发过度，成品变形（4只符合标准）						
			D	皮坯僵硬、漏馅，不醒发（3只符合标准）						
			E	差或未答题						
6	现场操作过程：规范、熟练、卫生、安全	3	A	符合要求						
			B	符合3项要求						
			C	符合2项要求						
			D	符合1项要求						
			E	差或未答题						
合计配分		20	合计得分							

等级	A（优）	B（良）	C（及格）	D（较差）	E（差或未答题）
比值	1.0	0.8	0.6	0.2	0

“评价要素”得分＝配分×等级比值。

五、生物膨松面团类点心制作——干菜包（试题代码：4.1.6；考核时间：建议为 30 min）

1. 试题单

（1）操作条件

1）面粉 250 g。

2）酵母、泡打粉适量。

3）干菜馅 150 g。

4）擀面杖 1 根。

5）馅挑 1 根。

（2）操作内容

1）调制膨松面团。

2）制作干菜包。

3）蒸制干菜包。

（3）操作要求

1）规格：送评 6 只（皮坯 35 g、馅心 15 g）。

2）色泽：皮坯洁白、光亮。

3）形态：花纹整齐、清晰，馅心居中，收口不漏油，形态一致（花纹在 24 只以上）。

4）口味：馅心咸淡芡汁适中，咸中带甜，有香味。

5）火候：火候掌握恰当（皮坯不暴裂、不粘牙、不缩瘪，6 只符合标准）。

6）质感：皮坯松软、有弹性，醒发适度。

2. 评分表

试题代码及名称		4.1.6　生物膨松面团类点心制作——干菜包			鉴定时限				建议为 30 min	
评价要素		配分	等级	评分细则	评定等级					得分
					A	B	C	D	E	
1	色泽：皮坯洁白、光亮	2	A	皮坯洁白、光亮						
			B	皮坯黄、无光亮						
			C	皮坯很黄、无光亮						
			D	皮坯色泽灰暗						
			E	差或未答题						
2	形态：花纹整齐、清晰，馅心居中，收口不漏油，形态一致（花纹在24只以上）	5	A	花纹整齐、清晰，馅心居中，收口不漏油，形态一致（花纹在24只以上）						
			B	花纹不整齐、清晰，馅心居中，收口不漏油，形态一致（花纹在20只以上）						
			C	花纹不整齐，不清晰，馅心居中，收口不漏油，形态一致（花纹在18只以上）						
			D	花纹差，馅心不居中，收口漏油，形态不一致（花纹在16只以上）						
			E	差或未答题						
3	口味：馅心咸淡芡汁适中，咸中带甜，有香味	3	A	馅心咸淡芡汁适中，咸中带甜，有香味						
			B	馅心咸淡芡汁尚可，有香味						
			C	馅心咸淡芡汁一般						
			D	馅心口味差，无香味						
			E	未答题						

续表

试题代码及名称		4.1.6　生物膨松面团类点心制作——干菜包			鉴定时限			建议为 30 min		
评价要素		配分	等级	评分细则	评定等级					得分
					A	B	C	D	E	
4	火候：火候掌握恰当（皮坯不暴裂、不粘牙、不缩瘪，6 只符合标准）	3	A	火候掌握恰当（皮坯不暴裂、不粘牙、不缩瘪，6 只符合标准）						
			B	火候掌握一般（皮坯不暴裂、不粘牙，5 只符合标准）						
			C	火候掌握欠佳（皮坯开裂、缩瘪，4 只符合标准）						
			D	没有掌握好火候（皮坯暴裂、粘牙、夹生，3 只符合标准）						
			E	差或未答题						
5	质感：皮坯松软、有弹性，醒发适度	4	A	皮坯松软、有弹性，醒发适度（6 只符合标准）						
			B	皮坯松软、无弹性（5 只符合标准）						
			C	醒发过度，成品变形（4 只符合标准）						
			D	皮坯僵硬，漏馅，不醒发（3 只符合标准）						
			E	差或未答题						
6	现场操作过程：规范、熟练、卫生、安全	3	A	符合要求						
			B	符合 3 项要求						
			C	符合 2 项要求						
			D	符合 1 项要求						
			E	差或未答题						
合计配分		20		合计得分						

等级	A（优）	B（良）	C（及格）	D（较差）	E（差或未答题）
比值	1.0	0.8	0.6	0.2	0

“评价要素”得分＝配分×等级比值。

六、生物膨松面团类点心制作——素蟹粉包（试题代码：4.1.7；考核时间：建议为 30 min）

1. 试题单

（1）操作条件

1）面粉 250 g。

2）酵母、泡打粉适量。

3）素蟹粉馅 150 g。

4）擀面杖 1 根。

5）馅挑 1 根。

（2）操作内容

1）调制膨松面团。

2）制作素蟹粉包。

3）蒸制素蟹粉包。

（3）操作要求

1）规格：送评 6 只（皮坯 35 g、馅心 15 g）。

2）色泽：皮坯洁白、光亮。

3）形态：花纹整齐、清晰，馅心居中，收口不漏油，形态一致（花纹在 24 只以上）。

4）口味：馅心咸淡适中，有蟹粉香味。

5）火候：火候掌握恰当（皮坯不暴裂、不粘牙、不缩瘪，6 只符合标准）。

6）质感：皮坯松软、有弹性，醒发适度。

2. 评分表

试题代码及名称		4.1.7 生物膨松面团类点心制作——素蟹粉包			鉴定时限			建议为 30 min		
评价要素		配分	等级	评分细则	评定等级					得分
					A	B	C	D	E	
1	色泽：皮坯洁白、光亮，馅心色淡金黄	2	A	皮坯洁白、光亮，馅心色淡金黄						
			B	皮坯黄、无光亮						
			C	皮坯很黄、无光亮						
			D	皮坯色泽灰暗						
			E	差或未答题						
2	形态：花纹整齐、清晰，馅心居中，收口不漏油，形态一致（花纹在 24 只以上）	5	A	花纹整齐、清晰，馅心居中，收口不漏油，形态一致（花纹在 24 只以上）						
			B	花纹不整齐、清晰，馅心居中，收口不漏油，形态一致（花纹在 20 只以上）						
			C	花纹不整齐，不清晰，馅心居中，收口不漏油，形态一致（花纹在 18 只以上）						
			D	花纹差，馅心不居中，收口漏油，形态不一致（花纹在 16 只以上）						
			E	差或未答题						
3	口味：馅心咸淡适中，有蟹粉香味	3	A	馅心咸淡适中，有蟹粉香味						
			B	馅心咸，有蟹粉香味						
			C	馅心淡，香味一般						
			D	馅心口味差，无香味						
			E	未答题						

续表

试题代码及名称		4.1.7 生物膨松面团类点心制作——素蟹粉包			鉴定时限			建议为30 min		
评价要素		配分	等级	评分细则	评定等级					得分
					A	B	C	D	E	
4	火候：火候掌握恰当（皮坯不暴裂、不粘牙、不缩瘪，6只符合标准）	3	A	火候掌握恰当（皮坯不暴裂、不粘牙、不缩瘪，6只符合标准）						
			B	火候掌握一般（皮坯不暴裂、不粘牙，5只符合标准）						
			C	火候掌握欠佳（皮坯开裂、缩瘪，4只符合标准）						
			D	没有掌握好火候（皮坯暴裂、粘牙、夹生3，只符合标准）						
			E	差或未答题						
5	质感：皮坯松软、有弹性，醒发适度	4	A	皮坯松软、有弹性，醒发适度（6只符合标准）						
			B	皮坯松软、无弹性（5只符合标准）						
			C	醒发过度，成品变形（4只符合标准）						
			D	皮坯僵硬、漏馅，不醒发（3只符合标准）						
			E	差或未答题						
6	现场操作过程：规范、熟练、卫生、安全	3	A	符合要求						
			B	符合3项要求						
			C	符合2项要求						
			D	符合1项要求						
			E	差或未答题						
合计配分		20		合计得分						

等级	A（优）	B（良）	C（及格）	D（较差）	E（差或未答题）
比值	1.0	0.8	0.6	0.2	0

“评价要素”得分＝配分×等级比值。

七、生物膨松面团类点心制作——茄汁冬茸包（试题代码：4.1.8；考核时间：建议为 30 min）

1. 试题单

（1）操作条件

1）面粉 250 g。

2）酵母、泡打粉适量。

3）茄汁冬茸馅 150 g。

4）擀面杖 1 根。

5）馅挑 1 根。

（2）操作内容

1）调制膨松面团。

2）制作茄汁冬茸包。

3）蒸制茄汁冬茸包。

（3）操作要求

1）规格：送评 6 只（皮坯 35 g、馅心 15 g）。

2）色泽：皮坯洁白、光亮。

3）形态：花纹整齐、清晰，馅心居中，收口不漏油，形态一致（花纹在 24 只以上）。

4）口味：馅心甜酸，芡汁适中，有香味。

5）火候：火候掌握恰当（皮坯不暴裂、不粘牙、不缩瘪，6 只符合标准）。

6）质感：皮坯松软、有弹性，醒发适度。

2. 评分表

试题代码及名称		4.1.8 生物膨松面团类点心制作——茄汁冬茸包			鉴定时限			建议为30 min		
评价要素		配分	等级	评分细则	评定等级 A	B	C	D	E	得分
1	色泽：皮坯洁白、光亮	2	A	皮坯洁白、光亮						
			B	皮坯黄、无光亮						
			C	皮坯很黄、无光亮						
			D	皮坯色泽灰暗						
			E	差或未答题						
2	形态：花纹整齐、清晰，馅心居中，收口不漏油，形态一致（花纹在24只以上）	5	A	花纹整齐、清晰，馅心居中，收口不漏油，形态一致（花纹在24只以上）						
			B	花纹不整齐、清晰，馅心居中，收口不漏油，形态一致（花纹在20只以上）						
			C	花纹不整齐，不清晰，馅心居中，收口不漏油，形态一致（花纹在18只以上）						
			D	花纹差，馅心不居中，收口漏油，形态不一致（花纹在16只以上）						
			E	差或未答题						
3	口味：馅心甜酸，芡汁适中，有香味	3	A	馅心甜酸，芡汁适中，有香味						
			B	馅心偏甜，有香味						
			C	馅心偏酸，芡汁一般						
			D	馅心口味差，无香味						
			E	未答题						

续表

试题代码及名称		4.1.8　生物膨松面团类点心制作——茄汁冬茸包			鉴定时限	建议为30 min				
评价要素		配分	等级	评分细则	评定等级					得分
					A	B	C	D	E	
4	火候：火候掌握恰当（皮坯不暴裂、不粘牙、不缩瘪，6只符合标准）	3	A	火候掌握恰当（皮坯不暴裂、不粘牙、不缩瘪，6只符合标准）						
			B	火候掌握一般（皮坯不暴裂、不粘牙，5只符合标准）						
			C	火候掌握欠佳（皮坯开裂、缩瘪，4只符合标准）						
			D	没有掌握好火候（皮坯暴裂、粘牙、夹生，3只符合标准）						
			E	差或未答题						
5	质感：皮坯松软、有弹性，醒发适度	4	A	皮坯松软、有弹性，醒发适度（6只符合标准）						
			B	皮坯松软、无弹性（5只符合标准）						
			C	醒发过度，成品变形（4只符合标准）						
			D	皮坯僵硬、漏馅，不醒发（3只符合标准）						
			E	差或未答题						
6	现场操作过程：规范、熟练、卫生、安全	3	A	符合要求						
			B	符合3项要求						
			C	符合2项要求						
			D	符合1项要求						
			E	差或未答题						
合计配分		20	合计得分							

等级	A（优）	B（良）	C（及格）	D（较差）	E（差或未答题）
比值	1.0	0.8	0.6	0.2	0

“评价要素”得分=配分×等级比值。

油酥面团类点心制作

一、暗酥制品类点心制作——叉烧酥（试题代码：5.1.2；考核时间：建议为30 min）

1. 试题单

（1）操作条件

1）面粉约300 g。

2）猪油约150 g。

3）叉烧馅约150 g。

4）黑芝麻适量。

5）鸡蛋1只。

6）擀面杖1根。

7）馅挑1根。

（2）操作内容

1）调制油酥面团。

2）制作叉烧酥。

3）烤制叉烧酥。

（3）操作要求

1）规格：送评6只（皮坯35 g、馅心20 g）。

2）色泽：金黄色。

3）形态：形态一致，大小均匀，外皮不暴裂（6只符合标准）。

4）口味：咸淡适中，香味浓。

5）火候：炉温掌握恰当，不焦或不生。

6）质感：皮坯软硬适宜，酥层均匀，酥松。

2. 评分表

试题代码及名称		5.1.2　暗酥制品类点心制作——叉烧酥			鉴定时限			建议为 30 min		
评价要素		配分	等级	评分细则	评定等级					得分
					A	B	C	D	E	
1	色泽：金黄色	2	A	金黄色						
			B	色泽较好						
			C	色泽一般						
			D	色泽较差						
			E	未答题						
2	形态：形态一致，大小均匀，外皮不暴裂（6 只符合标准）	4	A	形态一致，大小均匀，外皮不暴裂（6 只符合标准）						
			B	形态尚可，大小均匀（4 只符合标准）						
			C	形态一般，大小不均匀（3 只符合标准）						
			D	形态差，大小不均匀（2 只符合标准）						
			E	差或未答题						
3	口味：咸淡适中，香味浓	2	A	咸淡适中，香味浓						
			B	咸淡尚可						
			C	咸淡一般						
			D	过咸或过淡						
			E	未答题						
4	火候：炉温掌握恰当，不焦或不生	4	A	炉温掌握恰当，不焦或不生						
			B	炉温掌握一般，不拼酥						
			C	炉温掌握欠佳，成品硬						
			D	没有掌握好炉温，成品稍焦						
			E	差或未答题						

续表

试题代码及名称		5.1.2　暗酥制品类点心制作——叉烧酥			鉴定时限		建议为 30 min			
评价要素		配分	等级	评分细则	评定等级					得分
					A	B	C	D	E	
5	质感：皮坯软硬适宜，酥层均匀，酥松	5	A	皮坯软硬适宜，酥层均匀，酥松						
			B	皮坯软硬适宜，酥层不均匀，酥松						
			C	皮坯硬，不够酥松						
			D	皮坯很硬，酥层不均匀，吃口很不酥松						
			E	未答题						
6	现场操作过程：规范、熟练、卫生、安全	3	A	符合要求						
			B	符合3项要求						
			C	符合2项要求						
			D	符合1项要求						
			E	差或未答题						
合计配分		20	合计得分							

等级	A（优）	B（良）	C（及格）	D（较差）	E（差或未答题）
比值	1.0	0.8	0.6	0.2	0

“评价要素”得分＝配分×等级比值。

二、暗酥制品类点心制作——核桃酥（试题代码：5.1.3；考核时间：建议为30 min）

1. 试题单

（1）操作条件

1）面粉约300 g。

2）猪油约150 g。

3）椒盐核桃馅约150 g。

4）钳花夹1个。

5）可可粉适量。

6）擀面杖1根。

7）馅挑 1 根。

（2）操作内容

1）调制油酥面团。

2）制作核桃酥。

3）烤制核桃酥。

（3）操作要求

1）规格：送评 6 只（皮坯 30 g、馅心 15 g）。

1）色泽：咖啡色。

2）形态：形态一致，形似核桃，馅心居中，大小均匀，收口好（6 只符合标准）。

3）口味：馅心甜味适中，有香味。

4）火候：炉温掌握恰当，不焦或不生。

5）质感：皮坯软硬适宜，酥层均匀，酥松。

2. 评分表

试题代码及名称		5.1.3　暗酥制品类点心制作——核桃酥			鉴定时限			建议为 30 min		
评价要素		配分	等级	评分细则	评定等级					得分
					A	B	C	D	E	
1	色泽：咖啡色	2	A	咖啡色						
			B	色泽较好						
			C	色泽一般						
			D	色泽较差						
			E	未答题						
2	形态：形态一致，形似核桃，馅心居中，大小均匀，收口好（6 只符合标准）	4	A	形态一致，形似核桃，馅心居中，大小均匀，收口好（6 只符合标准）						
			B	形态一致，大小均匀（4 只符合标准）						
			C	形态一般，大小不均匀（3 只符合标准）						
			D	形态差，大小不均匀（2 只符合标准）						
			E	差或未答题						

续表

<table>
<tr><td colspan="2">试题代码及名称</td><td colspan="3">5.1.3　暗酥制品类点心制作——核桃酥</td><td colspan="2">鉴定时限</td><td colspan="4">建议为 30 min</td></tr>
<tr><td colspan="2" rowspan="2">评价要素</td><td rowspan="2">配分</td><td rowspan="2">等级</td><td rowspan="2">评分细则</td><td colspan="5">评定等级</td><td rowspan="2">得分</td></tr>
<tr><td>A</td><td>B</td><td>C</td><td>D</td><td>E</td></tr>
<tr><td rowspan="5">3</td><td rowspan="5">口味：馅心甜味适中，有香味</td><td rowspan="5">3</td><td>A</td><td>馅心甜味适中，有香味</td><td rowspan="5"></td><td rowspan="5"></td><td rowspan="5"></td><td rowspan="5"></td><td rowspan="5"></td><td rowspan="5"></td></tr>
<tr><td>B</td><td>馅心过甜，有香味</td></tr>
<tr><td>C</td><td>馅心一般，无香味</td></tr>
<tr><td>D</td><td>馅心口味差，无香味</td></tr>
<tr><td>E</td><td>未答题</td></tr>
<tr><td rowspan="5">4</td><td rowspan="5">火候：炉温掌握恰当，不焦或不生</td><td rowspan="5">4</td><td>A</td><td>炉温掌握恰当，不焦或不生</td><td rowspan="5"></td><td rowspan="5"></td><td rowspan="5"></td><td rowspan="5"></td><td rowspan="5"></td><td rowspan="5"></td></tr>
<tr><td>B</td><td>炉温掌握一般，不拼酥</td></tr>
<tr><td>C</td><td>炉温掌握欠佳，成品硬</td></tr>
<tr><td>D</td><td>没有掌握好炉温，成品稍焦</td></tr>
<tr><td>E</td><td>差或未答题</td></tr>
<tr><td rowspan="5">5</td><td rowspan="5">质感：皮坯软硬适宜，酥层均匀，酥松</td><td rowspan="5">5</td><td>A</td><td>皮坯软硬适宜，酥层均匀，酥松</td><td rowspan="5"></td><td rowspan="5"></td><td rowspan="5"></td><td rowspan="5"></td><td rowspan="5"></td><td rowspan="5"></td></tr>
<tr><td>B</td><td>皮坯软硬适宜，酥层不均匀，酥松</td></tr>
<tr><td>C</td><td>皮坯硬，不够酥松</td></tr>
<tr><td>D</td><td>皮坯很硬，酥层不均匀，吃口很不酥松</td></tr>
<tr><td>E</td><td>未答题</td></tr>
<tr><td rowspan="5">6</td><td rowspan="5">现场操作过程：规范、熟练、卫生、安全</td><td rowspan="5">3</td><td>A</td><td>符合要求</td><td rowspan="5"></td><td rowspan="5"></td><td rowspan="5"></td><td rowspan="5"></td><td rowspan="5"></td><td rowspan="5"></td></tr>
<tr><td>B</td><td>符合 3 项要求</td></tr>
<tr><td>C</td><td>符合 2 项要求</td></tr>
<tr><td>D</td><td>符合 1 项要求</td></tr>
<tr><td>E</td><td>差或未答题</td></tr>
<tr><td colspan="2">合计配分</td><td>20</td><td colspan="7">合计得分</td><td></td></tr>
</table>

等级	A（优）	B（良）	C（及格）	D（较差）	E（差或未答题）
比值	1.0	0.8	0.6	0.2	0

“评价要素”得分＝配分×等级比值。

三、暗酥制品类点心制作——鸿运酥（试题代码：5.1.4；考核时间：建议为 30 min）

1. 试题单

（1）操作条件

1）面粉约 300 g。

2）猪油约 150 g。

3）腐乳馅约 150 g。

4）擀面杖 1 根。

5）馅挑 1 根。

（2）操作内容

1）调制油酥面团。

2）制作鸿运酥。

3）烤制鸿运酥。

（3）操作要求

1）规格：送评 6 只（皮坯 30 g、馅心 15 g）。

2）色泽：金黄色。

3）形态：形态一致，大小均匀（6 只符合标准）。

4）口味：咸淡适中，香味浓。

5）火候：炉温掌握恰当，不焦或不生。

6）质感：皮坯软硬适宜，酥层均匀，酥松。

2. 评分表

试题代码及名称		5.1.4　暗酥制品类点心制作——鸿运酥			鉴定时限		建议为 30 min			
评价要素		配分	等级	评分细则	评定等级					得分
					A	B	C	D	E	
1	色泽：金黄色	2	A	金黄色						
			B	色泽较好						
			C	色泽一般						
			D	色泽较差						
			E	未答题						

续表

试题代码及名称		5.1.4 暗酥制品类点心制作——鸿运酥			鉴定时限		建议为 30 min			
评价要素		配分	等级	评分细则	评定等级					得分
					A	B	C	D	E	
2	形态：形态一致，大小均匀（6只符合标准）	4	A	形态一致，大小均匀（6只符合标准）						
			B	形态尚可，大小均匀（4只符合标准）						
			C	形态一般，大小不均匀（3只符合标准）						
			D	形态差，大小不均匀（2只符合标准）						
			E	差或未答题						
3	口味：咸淡适中，香味浓	2	A	咸淡适中，香味浓						
			B	咸淡尚可						
			C	咸淡一般						
			D	过咸或过淡						
			E	未答题						
4	火候：炉温掌握恰当，不焦或不生	4	A	炉温掌握恰当，不焦或不生						
			B	炉温掌握一般，不拼酥						
			C	炉温掌握欠佳，成品硬						
			D	没有掌握好炉温，成品稍焦						
			E	差或未答题						
5	质感：皮坯软硬适宜，酥层均匀，酥松	5	A	皮坯软硬适宜，酥层均匀，酥松						
			B	皮坯软硬适宜，酥层不均匀，酥松						
			C	皮坯硬，不够酥松						
			D	皮坯很硬，酥层不均匀，吃口很不酥松						
			E	未答题						

续表

试题代码及名称		5.1.4　暗酥制品类点心制作——鸿运酥			鉴定时限	建议为 30 min				
评价要素		配分	等级	评分细则	评定等级					得分
					A	B	C	D	E	
6	现场操作过程：规范、熟练、卫生、安全	3	A	符合要求						
			B	符合 3 项要求						
			C	符合 2 项要求						
			D	符合 1 项要求						
			E	差或未答题						
合计配分		20	合计得分							

等级	A（优）	B（良）	C（及格）	D（较差）	E（差或未答题）
比值	1.0	0.8	0.6	0.2	0

“评价要素”得分＝配分×等级比值。

四、暗酥制品类点心制作——腰果铜锣酥（葱油味）（试题代码：5.1.5；考核时间：建议为 30 min）

1. 试题单

（1）操作条件

1）面粉约 300 g。

2）猪油约 150 g。

3）腰果葱油馅约 150 g。

4）擀面杖 1 根。

5）馅挑 1 根。

（2）操作内容

1）调制油酥面团。

2）制作腰果铜锣酥。

3）烤制腰果铜锣酥。

（3）操作要求

1）色泽：金黄色。

2）形态：形态一致，大小均匀（6只符合标准）。

3）口味：咸淡适中，香味浓。

4）火候：炉温掌握恰当，不焦或不生。

5）质感：皮坯软硬适宜，酥层均匀，酥松。

2. 评分表

试题代码及名称		5.1.5 暗酥制品类点心制作——腰果铜锣酥（葱油味）			鉴定时限			建议为 30 min		
评价要素		配分	等级	评分细则	评定等级					得分
					A	B	C	D	E	
1	色泽：金黄色	2	A	金黄色						
			B	色泽较好						
			C	色泽一般						
			D	色泽较差						
			E	未答题						
2	形态：形态一致，大小均匀（6只符合标准）	4	A	形态一致，大小均匀（6只符合标准）						
			B	形态尚可，大小均匀（4只符合标准）						
			C	形态一般，大小不均匀（3只符合标准）						
			D	形态差，大小不均匀（2只符合标准）						
			E	差或未答题						
3	口味：咸淡适中，香味浓	2	A	咸淡适中，香味浓						
			B	咸淡尚可						
			C	咸淡一般						
			D	过咸或过淡						
			E	未答题						

续表

试题代码及名称		5.1.5　暗酥制品类点心制作——腰果铜锣酥（葱油味）			鉴定时限		建议为 30 min			
评价要素		配分	等级	评分细则	评定等级					得分
					A	B	C	D	E	
4	火候：炉温掌握恰当，不焦或不生	4	A	炉温掌握恰当，不焦或不生						
			B	炉温掌握一般，不拚酥						
			C	炉温掌握欠佳，成品硬						
			D	没有掌握好炉温，成品稍焦						
			E	差或未答题						
5	质感：皮坯软硬适宜，酥层均匀，酥松	5	A	皮坯软硬适宜，酥层均匀，酥松						
			B	皮坯软硬适宜，酥层不均匀，酥松						
			C	皮坯硬，不够酥松						
			D	皮坯很硬，酥层不均匀，吃口很不酥松						
			E	未答题						
6	现场操作过程：规范、熟练、卫生、安全	3	A	符合要求						
			B	符合 3 项要求						
			C	符合 2 项要求						
			D	符合 1 项要求						
			E	差或未答题						
合计配分		20	合计得分							

等级	A（优）	B（良）	C（及格）	D（较差）	E（差或未答题）
比值	1.0	0.8	0.6	0.2	0

“评价要素”得分＝配分×等级比值。

五、暗酥制品类点心制作——花生酥（椒盐味）（试题代码：5.1.6；考核时间：建议为 30 min）

1. 试题单

（1）操作条件

1）面粉约300 g。

2）猪油约150 g。

3）椒盐花生馅约150 g。

4）钳花夹1个。

5）擀面杖1根。

6）馅挑1根。

（2）操作内容

1）调制油酥面团。

2）制作花生酥。

3）烤制花生酥。

（3）操作要求

1）规格：送评6只（皮坯15 g、馅心8 g）。

1）色泽：本色。

2）形态：形态一致，形似花生，馅心居中，大小均匀，收口好（6只符合标准）。

3）口味：咸淡适中，香味浓。

4）火候：炉温掌握恰当，不焦或不生。

5）质感：皮坯软硬适宜，酥层均匀，酥松。

2. 评分表

试题代码及名称		5.1.6 暗酥制品类点心制作——花生酥（椒盐味）			鉴定时限	建议为30 min				
评价要素		配分	等级	评分细则	评定等级					得分
					A	B	C	D	E	
1	色泽：金黄色	2	A	金黄色						
			B	色泽较好						
			C	色泽一般						
			D	色泽较差						
			E	未答题						

续表

试题代码及名称		5.1.6　暗酥制品类点心制作——花生酥（椒盐味）			鉴定时限			建议为30 min		
评价要素		配分	等级	评分细则	评定等级					得分
					A	B	C	D	E	
2	形态：形态一致，形似花生，馅心居中，大小均匀，收口好（6只符合标准）	4	A	形态一致，形似花生，馅心居中，大小均匀，收口好（6只符合标准）						
			B	形态一致，大小均匀（4只符合标准）						
			C	形态一般，大小不均匀（3只符合标准）						
			D	形态差，大小不均匀（2只符合标准）						
			E	差或未答题						
3	口味：咸淡适中，香味浓	2	A	咸淡适中，香味浓						
			B	咸淡尚可						
			C	咸淡一般						
			D	过咸或过淡						
			E	未答题						
4	火候：炉温掌握恰当，不焦或不生	4	A	炉温掌握恰当，不焦或不生						
			B	炉温掌握一般，不拼酥						
			C	炉温掌握欠佳，成品硬						
			D	没有掌握好炉温，成品稍焦						
			E	差或未答题						
5	质感：皮坯软硬适宜，酥层均匀，酥松	5	A	皮坯软硬适宜，酥层均匀，酥松						
			B	皮坯软硬适宜，酥层不均匀，酥松						
			C	皮坯硬，不够酥松						
			D	皮坯很硬，酥层不均匀，吃口很不酥松						
			E	未答题						

续表

试题代码及名称		5.1.6 暗酥制品类点心制作——花生酥（椒盐味）			鉴定时限	建议为 30 min				
评价要素		配分	等级	评分细则	评定等级					得分
					A	B	C	D	E	
6	现场操作过程：规范、熟练、卫生、安全	3	A	符合要求						
			B	符合3项要求						
			C	符合2项要求						
			D	符合1项要求						
			E	差或未答题						
合计配分		20	合计得分							

等级	A（优）	B（良）	C（及格）	D（较差）	E（差或未答题）
比值	1.0	0.8	0.6	0.2	0

“评价要素”得分＝配分×等级比值。

六、暗酥制品类点心制作——元宝酥（莲茸馅）（试题代码：5.1.7；考核时间：建议为30 min）

1. 试题单

（1）操作条件

1）面粉约300 g。

2）猪油约150 g。

3）莲茸馅约150 g。

4）擀面杖1根。

5）馅挑1根。

（2）操作内容

1）调制油酥面团。

2）制作元宝酥。

3）烤制元宝酥。

（3）操作要求

1）规格：送评 6 只（皮坯 25 g、馅心 12 g）。

2）色泽：金黄色。

3）形态：形态一致，形似元宝，馅心居中，大小均匀，收口好（6 只符合标准）。

4）口味：细腻光亮，甜润适口。

5）火候：炉温掌握恰当，不焦或不生。

6）质感：皮坯软硬适宜，酥层均匀，酥松。

2. 评分表

试题代码及名称		5.1.7　暗酥制品类点心制作——元宝酥（莲茸馅）			鉴定时限		建议为 30 min			
评价要素		配分	等级	评分细则	评定等级					得分
					A	B	C	D	E	
1	色泽：金黄色	2	A	金黄色						
			B	色泽较好						
			C	色泽一般						
			D	色泽较差						
			E	未答题						
2	形态：形态一致，形似元宝，馅心居中，大小均匀，收口好（6 只符合标准）	4	A	形态一致，形似元宝，馅心居中，大小均匀，收口好（6 只符合标准）						
			B	形态一致，大小均匀（4 只符合标准）						
			C	形态一般，大小不均匀（3 只符合标准）						
			D	形态差，大小不均匀（2 只符合标准）						
			E	差或未答题						
3	口味：细腻光亮，甜润适口	2	A	细腻光亮，甜润适口						
			B	馅心细腻，甜润适口						
			C	馅心不细腻，甜度适口						
			D	粗糙，味差						
			E	未答题						

续表

试题代码及名称		5.1.7 暗酥制品类点心制作——元宝酥（莲茸馅）							鉴定时限	建议为 30 min
评价要素		配分	等级	评分细则	评定等级					得分
					A	B	C	D	E	
4	火候：炉温掌握恰当，不焦或不生	4	A	炉温掌握恰当，不焦或不生						
			B	炉温掌握一般，不拼酥						
			C	炉温掌握欠佳，成品硬						
			D	没有掌握好炉温，成品稍焦						
			E	差或未答题						
5	质感：皮坯软硬适宜，酥层均匀，酥松	5	A	皮坯软硬适宜，酥层均匀，酥松						
			B	皮坯软硬适宜，酥层不均匀，酥松						
			C	皮坯硬，不够酥松						
			D	皮坯很硬，酥层不均匀，吃口很不酥松						
			E	未答题						
6	现场操作过程：规范、熟练、卫生、安全	3	A	符合要求						
			B	符合 3 项要求						
			C	符合 2 项要求						
			D	符合 1 项要求						
			E	差或未答题						
合计配分		20		合计得分						

等级	A（优）	B（良）	C（及格）	D（较差）	E（差或未答题）
比值	1.0	0.8	0.6	0.2	0

“评价要素”得分＝配分×等级比值。

七、暗酥制品类点心制作——细沙青蛙酥（试题代码：5.1.8；考核时间：建议为30 min）

1. 试题单

（1）操作条件

1）面粉约 300 g。

2）猪油约 150 g。

3）细沙馅约 150 g。

4）黑芝麻适量。

5）剪刀 1 把。

6）擀面杖 1 根。

7）水适量。

（2）操作内容

1）调制油酥面团。

2）制作细沙青蛙酥。

3）烤制细沙青蛙酥。

（3）操作要求

1）规格：送评 6 只（皮坯 30 g、馅心 15 g）。

2）色泽：金黄色。

3）形态：完整，大小均匀，形似青蛙（6 只符合标准）。

4）口味：馅心细腻光亮，甜润适口。

5）火候：炉温掌握恰当，不焦或不生。

6）质感：皮坯软硬适宜，酥层均匀，酥松。

2. 评分表

试题代码及名称		5.1.8　暗酥制品类点心制作——细沙青蛙酥			鉴定时限		建议为 30 min			
评价要素		配分	等级	评分细则	评定等级					得分
					A	B	C	D	E	
1	色泽：金黄色	2	A	金黄色						
			B	色泽较好						
			C	色泽一般						
			D	色泽较差						
			E	未答题						

续表

试题代码及名称		5.1.8 暗酥制品类点心制作——细沙青蛙酥			鉴定时限			建议为30 min		
评价要素		配分	等级	评分细则	评定等级					得分
					A	B	C	D	E	
2	形态：完整，大小均匀，形似青蛙（6只符合标准）	4	A	形态完整，大小均匀、形似青蛙（6只符合标准）						
			B	形态尚可，大小均匀（4只符合标准）						
			C	形态尚可，大小不均匀（3只符合标准）						
			D	形态差，大小不均匀（2只符合标准）						
			E	差或未答题						
3	口味：馅心细腻光亮，甜润适口	2	A	馅心细腻光亮，甜润适口						
			B	馅心细腻，甜润适口						
			C	馅心不细腻，甜度不适口						
			D	馅心味差						
			E	未答题						
4	火候：炉温掌握恰当，不焦或不生	4	A	炉温掌握恰当，不焦或不生						
			B	炉温掌握一般，不拼酥						
			C	炉温掌握欠佳，成品硬						
			D	没有掌握好炉温，成品稍焦						
			E	差或未答题						
5	质感：皮坯软硬适宜，酥层均匀，酥松	5	A	皮坯软硬适宜，酥层均匀，酥松						
			B	皮坯软硬适宜，酥层不均匀，酥松						
			C	皮坯硬，不够酥松						
			D	皮坯很硬，酥层不均匀，吃口很不酥松						
			E	未答题						

续表

试题代码及名称		5.1.8　暗酥制品类点心制作——细沙青蛙酥			鉴定时限					建议为30 min
评价要素		配分	等级	评分细则	评定等级					得分
					A	B	C	D	E	
6	现场操作过程：规范、熟练、卫生、安全	3	A	符合要求						
			B	符合3项要求						
			C	符合2项要求						
			D	符合1项要求						
			E	差或未答题						
合计配分		20		合计得分						

等级	A（优）	B（良）	C（及格）	D（较差）	E（差或未答题）
比值	1.0	0.8	0.6	0.2	0

“评价要素”得分＝配分×等级比值。

米粉、澄粉面团类点心制作

一、米粉面团类点心制作——咸水角（试题代码：6.1.2；考核时间：建议为30 min）

1. 试题单

（1）操作条件

1）糯米粉约150 g。

2）幼粒熟馅100 g。

3）糖粉、澄面、猪油等适量。

4）面刮板1块。

5）馅挑1根。

（2）操作内容

1）调制米粉面团。

2）制作咸水角。

3）炸制咸水角。

（3）操作要求

1）规格：送评6只（皮坯20 g、馅心10 g）。

2）色泽：淡金黄色。

3）形态：形态一致，形似橄榄，馅心居中，大小均匀（6只符合标准）。

4）口味：咸淡适中，香味浓。

5）火候：油温掌握恰当（色泽好，外脆内软，形态饱满）。

6）质感：面团软硬适中，外脆内糯。

2. 评分表

试题代码及名称		6.1.2 米粉面团类点心制作——咸水角			鉴定时限			建议为30 min		
评价要素		配分	等级	评分细则	评定等级					得分
					A	B	C	D	E	
1	色泽：淡金黄色	2	A	淡金黄色						
			B	色泽较好						
			C	色泽一般						
			D	色泽差						
			E	未答题						
2	形态：形态一致，形似橄榄，馅心居中，大小均匀（6只符合标准）	4	A	形态一致，形似橄榄，馅心居中，大小均匀（6只符合标准）						
			B	形态一致，大小均匀（4只符合标准）						
			C	形态一般，大小不均匀（3只符合标准）						
			D	形态差，大小不均匀（2只符合标准）						
			E	差或未答题						
3	口味：咸淡适中，香味浓	2	A	咸淡适中，香味浓						
			B	咸淡适中						
			C	偏咸或偏淡						
			D	口味差						
			E	未答题						

续表

试题代码及名称		6.1.2　米粉面团类点心制作——咸水角			鉴定时限				建议为 30 min	
评价要素		配分	等级	评分细则	评定等级					得分
					A	B	C	D	E	
4	火候：油温掌握恰当（色泽好，外脆内软，形态饱满）	5	A	油温掌握恰当（色泽好，外脆内软，形态饱满）						
			B	油温掌握一般（色泽好，外脆内软）						
			C	油温掌握欠佳（外不脆）						
			D	没有掌握好油温（色泽差，吃口差，形态差）						
			E	未答题						
5	质感：面团软硬适中，外脆内糯	4	A	面团软硬适中，外脆内糯						
			B	面团软硬适中						
			C	偏软或偏硬						
			D	吃口差						
			E	未答题						
6	现场操作过程：规范、熟练、卫生、安全	3	A	符合要求						
			B	符合3项要求						
			C	符合2项要求						
			D	符合1项要求						
			E	差或未答题						
合计配分		20		合计得分						

等级	A（优）	B（良）	C（及格）	D（较差）	E（差或未答题）
比值	1.0	0.8	0.6	0.2	0

“评价要素”得分＝配分×等级比值。

二、米粉面团类点心制作——腰果麻球（试题代码：6.1.3；考核时间：建议为30 min）

1. 试题单

（1）操作条件

1）糯米粉约 150 g。

2）腰果馅 100 g。

3）糖粉、澄面、猪油等适量。

4）面刮板 1 块。

5）馅挑 1 根。

（2）操作内容

1）调制米粉面团。

2）制作腰果麻球。

3）炸制腰果麻球。

（3）操作要求

1）规格：送评 6 只（皮坯 25 g、馅心 12 g）。

2）色泽：金黄色。

3）形态：形态圆整，馅心居中，大小均匀，收口好（6 只符合标准）。

4）口味：甜润适口，香味浓。

4）火候：油温掌握恰当（色泽好，外脆内软，形态饱满）。

5）质感：外脆里松，形态饱满，吃口松软。

2. 评分表

试题代码及名称		6.1.3　米粉面团类点心制作——腰果麻球			鉴定时限		建议为 30 min			
评价要素		配分	等级	评分细则	评定等级					得分
					A	B	C	D	E	
1	色泽：淡金黄色	2	A	淡金黄色						
			B	色泽较好						
			C	色泽一般						
			D	色泽差						
			E	未答题						

续表

<table>
<tr><td colspan="2">试题代码及名称</td><td colspan="3">6.1.3　米粉面团类点心制作——腰果麻球</td><td colspan="3">鉴定时限</td><td colspan="3">建议为 30 min</td></tr>
<tr><td colspan="2" rowspan="2">评价要素</td><td rowspan="2">配分</td><td rowspan="2">等级</td><td rowspan="2">评分细则</td><td colspan="5">评定等级</td><td rowspan="2">得分</td></tr>
<tr><td>A</td><td>B</td><td>C</td><td>D</td><td>E</td></tr>
<tr><td rowspan="5">2</td><td rowspan="5">形态：形态圆整，馅心居中，大小均匀，收口好（6 只符合标准）</td><td rowspan="5">4</td><td>A</td><td>形态圆整，馅心居中，大小均匀，收口好（6 只符合标准）</td><td rowspan="5"></td><td rowspan="5"></td><td rowspan="5"></td><td rowspan="5"></td><td rowspan="5"></td><td rowspan="5"></td></tr>
<tr><td>B</td><td>形态圆整，大小均匀（4 只符合标准）</td></tr>
<tr><td>C</td><td>形态一般，大小不均匀（3 只符合标准）</td></tr>
<tr><td>D</td><td>形态差，大小不均匀（2 只符合标准）</td></tr>
<tr><td>E</td><td>差或未答题</td></tr>
<tr><td rowspan="5">3</td><td rowspan="5">口味：甜润适口，香味浓</td><td rowspan="5">2</td><td>A</td><td>甜润适口，香味浓</td><td rowspan="5"></td><td rowspan="5"></td><td rowspan="5"></td><td rowspan="5"></td><td rowspan="5"></td><td rowspan="5"></td></tr>
<tr><td>B</td><td>甜润适口</td></tr>
<tr><td>C</td><td>偏甜或偏淡</td></tr>
<tr><td>D</td><td>口味差</td></tr>
<tr><td>E</td><td>未答题</td></tr>
<tr><td rowspan="5">4</td><td rowspan="5">火候：油温掌握恰当（色泽好，外脆里软，形态饱满）</td><td rowspan="5">5</td><td>A</td><td>油温掌握恰当（色泽好，外脆里软，形态饱满）</td><td rowspan="5"></td><td rowspan="5"></td><td rowspan="5"></td><td rowspan="5"></td><td rowspan="5"></td><td rowspan="5"></td></tr>
<tr><td>B</td><td>油温掌握一般（色泽好，外脆里软）</td></tr>
<tr><td>C</td><td>油温掌握欠佳（外不脆）</td></tr>
<tr><td>D</td><td>没有掌握好油温（色泽差，吃口差，形态差）</td></tr>
<tr><td>E</td><td>未答题</td></tr>
<tr><td rowspan="5">5</td><td rowspan="5">质感：面团软硬适中，外脆内糯</td><td rowspan="5">4</td><td>A</td><td>面团软硬适中，外脆内糯</td><td rowspan="5"></td><td rowspan="5"></td><td rowspan="5"></td><td rowspan="5"></td><td rowspan="5"></td><td rowspan="5"></td></tr>
<tr><td>B</td><td>面团软硬适中</td></tr>
<tr><td>C</td><td>偏软或偏硬</td></tr>
<tr><td>D</td><td>吃口差</td></tr>
<tr><td>E</td><td>未答题</td></tr>
</table>

续表

试题代码及名称		6.1.3 米粉面团类点心制作——腰果麻球			鉴定时限	建议为 30 min				
评价要素		配分	等级	评分细则	评定等级					得分
					A	B	C	D	E	
6	现场操作过程：规范、熟练、卫生、安全	3	A	符合要求						
			B	符合3项要求						
			C	符合2项要求						
			D	符合1项要求						
			E	差或未答题						
合计配分		20	合计得分							

等级	A（优）	B（良）	C（及格）	D（较差）	E（差或未答题）
比值	1.0	0.8	0.6	0.2	0

“评价要素”得分＝配分×等级比值。

三、澄粉面团类点心制作——像生白兔饺（虾仁馅）（试题代码：6.2.1；考核时间：建议为 30 min）

1. 试题单

（1）操作条件

1）澄面 150 g。

2）风车生粉、猪油适量。

3）虾仁馅 120 g。

4）擀面杖 1 根。

5）面刮板 1 块。

6）馅挑 1 根。

7）汤碗 1 只。

（2）操作内容

1）调制白兔饺面团。

2）制作白兔饺。

3）蒸制白兔饺。

(3) 操作要求

1）规格：送评6只（皮坯12 g、馅心10 g）。

1）色泽：晶莹透明。

2）形态：形态美观，形似白兔，大小一致，收口好（6只符合标准）。

3）口味：鲜嫩爽滑，有弹性，无异味。

4）火候：火候掌握恰当（成品无生、无破、无煳）。

5）质感：皮坯爽滑，不粘口，有韧性。

2. 评分表

试题代码及名称		6.2.1　澄粉面团类点心制作——像生白兔饺（虾仁馅）			鉴定时限		建议为30 min			
评价要素		配分	等级	评分细则	评定等级					得分
					A	B	C	D	E	
1	色泽：晶莹透明	2	A	晶莹透明						
			B	晶莹、半透明						
			C	半透明						
			D	不透明						
			E	差或未答题						
2	形态：形态美观，形似白兔，大小一致，收口好（6只符合标准）	6	A	形态美观，形似白兔，大小一致，收口好（6只符合标准）						
			B	形似白兔，大小一致，收口好（4只符合标准）						
			C	形态一般，大小一致（3只符合标准）						
			D	形态差（2只符合标准）						
			E	差或未答题						
3	口味：馅心咸淡适中，鲜嫩无异味	2	A	馅心咸淡适中，鲜嫩无异味						
			B	馅心咸淡适中						
			C	偏咸或偏淡						
			D	口味差，有异味						
			E	未答题						

续表

试题代码及名称		6.2.1 澄粉面团类点心制作——像生白兔饺（虾仁馅）			鉴定时限			建议为 30 min		
评价要素		配分	等级	评分细则	评定等级					得分
					A	B	C	D	E	
4	火候：火候掌握恰当（成品无生、无破、无煳）	2	A	火候掌握恰当（成品无生、无破、无煳）						
			B	火候掌握尚可（成品无生、无破）						
			C	火候掌握欠佳（成品无生、粘口）						
			D	火候没有掌握好（成品夹生、破损、粘煳）						
			E	未答题						
5	质感：皮坯爽滑，不粘口，有韧性	5	A	皮坯爽滑，不粘口，有韧性						
			B	皮坯爽滑，不粘口						
			C	皮坯爽滑，粘口						
			D	皮坯不爽滑，严重粘口						
			E	未答题						
6	现场操作过程：规范、熟练、卫生、安全	3	A	符合要求						
			B	符合3项要求						
			C	符合2项要求						
			D	符合1项要求						
			E	差或未答题						
合计配分		20	合计得分							

等级	A（优）	B（良）	C（及格）	D（较差）	E（差或未答题）
比值	1.0	0.8	0.6	0.2	0

“评价要素”得分＝配分×等级比值。

四、澄粉面团类点心制作——鸡冠虾饺（虾仁馅）（试题代码：6.2.2；考核时间：建议为 30 min）

1. 试题单

（1）操作条件

1）澄面 150 g。

2）风车生粉、猪油适量。

3）虾仁馅 120 g。

4）擀面杖 1 根。

5）面刮板 1 块。

6）馅挑 1 根。

7）汤碗 1 只。

（2）操作内容

1）调制鸡冠虾面团。

2）制作鸡冠虾饺。

3）蒸制鸡冠虾饺。

（3）操作要求

1）规格：送评 6 只（皮坯 12 g、馅心 12 g）。

1）色泽：晶莹透明。

2）形态：形态美观，花纹长短一致，间距均匀（花纹 6 只以上）。

3）口味：鲜嫩爽滑，有弹性，无异味。

4）火候：火候掌握恰当（成品无生、无破、无煳）。

5）质感：皮坯爽滑，不粘口，有韧性。

2. 评分表

试题代码及名称		6.2.2　澄粉面团类点心制作——鸡冠虾饺（虾仁馅）			鉴定时限		建议为 30 min			
评价要素		配分	等级	评分细则	评定等级					得分
					A	B	C	D	E	
1	色泽：晶莹透明	2	A	晶莹透明						
			B	晶莹、半透明						
			C	半透明						
			D	不透明						
			E	差或未答题						

续表

试题代码及名称		6.2.2 澄粉面团类点心制作——鸡冠虾饺（虾仁馅）			鉴定时限		建议为30 min			
评价要素		配分	等级	评分细则	评定等级					得分
					A	B	C	D	E	
2	形态：形态美观，花纹长短一致，间距均匀（花纹6只以上）	6	A	形态美观，花纹长短一致，间距均匀（花纹6只以上）						
			B	形态美观，间距均匀（花纹5只以上）						
			C	形态一般，花纹一般（花纹4只以上）						
			D	形态差，花纹差（花纹3只以上）						
			E	未答题						
3	口味：馅心咸淡适中，鲜嫩无异味	2	A	馅心咸淡适中，鲜嫩无异味						
			B	馅心咸淡适中						
			C	偏咸或偏淡						
			D	口味差、有异味						
			E	未答题						
4	火候：火候掌握恰当（成品无生、无破、无煳）	2	A	火候掌握恰当（成品无生、无破、无煳）						
			B	火候掌握尚可（成品无生、无破）						
			C	火候掌握欠佳（成品无生、粘口）						
			D	火候没有掌握好（成品夹生、破损、粘煳）						
			E	未答题						
5	质感：皮坯爽滑，不粘口，有韧性	5	A	皮坯爽滑，不粘口，有韧性						
			B	皮坯爽滑，不粘口						
			C	皮坯爽滑，粘口						
			D	皮坯不爽滑，严重粘口						
			E	未答题						

续表

试题代码及名称		6.2.2　澄粉面团类点心制作——鸡冠虾饺（虾仁馅）			鉴定时限		建议为 30 min		
评价要素		配分	等级	评分细则	评定等级				得分
					A	B	C	D	E	
6	现场操作过程：规范、熟练、卫生、安全	3	A	符合要求						
			B	符合 3 项要求						
			C	符合 2 项要求						
			D	符合 1 项要求						
			E	差或未答题						
合计配分		20	合计得分							

等级	A（优）	B（良）	C（及格）	D（较差）	E（差或未答题）
比值	1.0	0.8	0.6	0.2	0

“评价要素”得分＝配分×等级比值。

五、澄粉面团类点心制作——像生雪梨果（幼粒熟馅）（试题代码：6.2.3；考核时间：建议为 30 min）

1. 试题单

（1）操作条件

1）土豆粉约 150 g。

2）幼粒熟馅 100 g。

3）生粉、猪油适量。

4）面包粉、干香菇适量。

5）鸡蛋 1 只。

6）汤碗 1 只。

7）剪刀 1 把。

8）面刮板 1 把。

（2）操作内容

1）调制像生雪梨果面团。

2）制作像生雪梨果。

3）炸制像生雪梨果。

（3）操作要求

1）规格：送评 6 只（皮坯 25 g、馅心 15 g）。

2）色泽：淡金黄。

3）形态：大小均匀，形态逼真，成形一致（6 只符合标准）。

4）口味：馅心咸淡适中，有香味。

5）火候：火候掌握恰当（不含油，表面完整，色泽均匀）。

6）质感：外脆里软，不粘口。

2. 评分表

试题代码及名称		6.2.3 澄粉面团类点心制作——像生雪梨果（幼粒熟馅）			鉴定时限			建议为 30 min		
评价要素		配分	等级	评分细则	评定等级					得分
					A	B	C	D	E	
1	色泽：淡金黄	2	A	色泽淡金黄						
			B	色泽偏深或偏淡						
			C	色泽深或淡						
			D	色泽差						
			E	未答题						
2	形态：大小均匀，形态逼真，成形一致（6 只符合标准）	4	A	大小均匀，形态逼真，成形一致（6 只符合标准）						
			B	大小均匀，形态逼真（4 只符合标准）						
			C	大小不均匀，形态一般（3 只符合标准）						
			D	大小不均匀，形态不美观（2 只符合标准）						
			E	差或未答题						

续表

试题代码及名称		6.2.3　澄粉面团类点心制作——像生雪梨果（幼粒熟馅）			鉴定时限				建议为 30 min	
评价要素		配分	等级	评分细则	评定等级					得分
					A	B	C	D	E	
3	口味：馅心咸淡适中，有香味	2	A	馅心咸淡适中，有香味						
			B	咸淡适中，无香味						
			C	咸淡一般						
			D	口味差						
			E	未答题						
4	火候：火候掌握恰当（不含油，表面完整，色泽均匀）	5	A	火候掌握恰当（不含油，表面完整，色泽均匀）						
			B	火候掌握尚可（不含油，表面完整）						
			C	火候掌握欠佳（表面不完整）						
			D	火候没有掌握好（含油，表面破损，色泽均匀）						
			E	差或未答题						
5	质感：外脆里软，不粘口	4	A	外脆里软，不粘口						
			B	外皮不脆						
			C	内外质感不明						
			D	僵硬或粘口						
			E	未答题						
6	现场操作过程：规范、熟练、卫生、安全范	3	A	符合要求						
			B	符合 3 项要求						
			C	符合 2 项要求						
			D	符合 1 项要求						
			E	差或未答题						
合计配分		20	合计得分							

等级	A（优）	B（良）	C（及格）	D（较差）	E（差或未答题）
比值	1.0	0.8	0.6	0.2	0

“评价要素”得分＝配分×等级比值。

六、澄粉面团类点心制作——像生南瓜团（莲茸馅）（试题代码：6.2.4；考核时间：建议为 30 min）

1. 试题单

（1）操作条件

1）糯米粉约 150 g。

2）莲茸馅 100 g。

3）生粉、南瓜泥适量。

4）猪油、可可粉适量。

5）面刮板 1 块。

6）馅挑 1 把。

（2）操作内容

1）调制像生南瓜面团。

2）制作像生南瓜团。

3）蒸制像生南瓜团。

（3）操作要求

1）规格：送评 6 只（皮坯 20 g、馅心 12 g）。

2）色泽：本色。

3）形态：大小均匀，形态美观，形似南瓜（6 只符合标准）。

4）口味：细腻光亮，甜润适口。

5）火候：火候掌握恰当。

6）质感：吃口很软糯，不粘口。

2. 评分表

试题代码及名称		6.2.4　澄粉面团类点心制作——像生南瓜团（莲茸馅）			鉴定时限				建议为 30 min	
评价要素		配分	等级	评分细则	评定等级					得分
					A	B	C	D	E	
1	色泽：本色	2	A	本色						
			B	色泽较好						
			C	色泽一般						
			D	色泽差						
			E	未答题						
2	形态：大小均匀，形态美观，形似南瓜（6 只符合标准）	5	A	大小均匀，形态美观，形似南瓜（6 只符合标准）						
			B	大小均匀，形态尚可（4 只符合标准）						
			C	大小不均匀，形态一般（3 只符合标准）						
			D	大小不均匀，形态不美观（2 只符合标准）						
			E	差或未答题						
3	口味：细腻光亮，甜润适口	2	A	细腻光亮，甜润适口						
			B	馅心细腻，甜润适口						
			C	馅心不细腻，甜度适口						
			D	粗糙，味差						
			E	未答题						
4	火候：火候掌握恰当	4	A	火候掌握恰当						
			B	火候掌握一般						
			C	火候掌握欠佳						
			D	火候没有掌握好						
			E	未答题						

续表

试题代码及名称		6.2.4 澄粉面团类点心制作——像生南瓜团（莲茸馅）			鉴定时限	建议为30 min				
评价要素		配分	等级	评分细则	评定等级					得分
					A	B	C	D	E	
5	质感：吃口很软糯，不粘口	4	A	吃口很软糯，不粘口						
			B	吃口软糯，不粘口						
			C	吃口一般，不粘口						
			D	吃口不软糯，粘口						
			E	未答题						
6	现场操作过程：规范、熟练、卫生、安全	3	A	符合要求						
			B	符合3项要求						
			C	符合2项要求						
			D	符合1项要求						
			E	差或未答题						
合计配分		20		合计得分						

等级	A（优）	B（良）	C（及格）	D（较差）	E（差或未答题）
比值	1.0	0.8	0.6	0.2	0

“评价要素”得分＝配分×等级比值。

七、澄粉面团类点心制作——莲茸西米团（试题代码：6.2.5；考核时间：建议为30 min）

1. 试题单

（1）操作条件

1）糯米粉约150 g。

2）莲茸馅100 g。

3）生粉、小西米适量。

4）猪油适量。

5）面刮板1块。

6）馅挑1把。

（2）操作内容

1）调制莲茸西米团。

2）制作莲茸西米团。

3）蒸制莲茸西米团。

（3）操作要求

1）规格：送评 6 只（皮坯 20 g、馅心 12 g）。

2）色泽：本色。

3）形态：大小均匀，外滚西米均匀（6 只符合标准）。

4）口味：细腻光亮，甜润适口。

5）火候：火候掌握恰当。

6）质感：皮坯很软糯，不粘口。

2. 评分表

试题代码及名称		6.2.5　澄粉面团类点心制作——莲茸西米团			鉴定时限		建议为 30 min			
评价要素		配分	等级	评分细则	评定等级					得分
					A	B	C	D	E	
1	色泽：本色	2	A	本色						
			B	色泽较好						
			C	色泽一般						
			D	色泽差						
			E	未答题						
2	形态：大小均匀，外滚西米均匀（6 只符合标准）	5	A	大小均匀，形态美观，外滚西米均匀（6 只符合标准）						
			B	大小均匀，形态尚可（4 只符合标准）						
			C	大小不均匀，形态一般（3 只符合标准）						
			D	大小不均匀，形态不美观（2 只符合标准）						
			E	差或未答题						

续表

<table>
<tr><td colspan="2">试题代码及名称</td><td colspan="3">6.2.5　澄粉面团类点心制作——莲茸西米团</td><td colspan="2">鉴定时限</td><td colspan="4">建议为30 min</td></tr>
<tr><td colspan="2" rowspan="2">评价要素</td><td rowspan="2">配分</td><td rowspan="2">等级</td><td rowspan="2">评分细则</td><td colspan="5">评定等级</td><td rowspan="2">得分</td></tr>
<tr><td>A</td><td>B</td><td>C</td><td>D</td><td>E</td></tr>
<tr><td rowspan="5">3</td><td rowspan="5">口味：细腻光亮，甜润适口</td><td rowspan="5">2</td><td>A</td><td>细腻光亮，甜润适口</td><td rowspan="5"></td><td rowspan="5"></td><td rowspan="5"></td><td rowspan="5"></td><td rowspan="5"></td><td rowspan="5"></td></tr>
<tr><td>B</td><td>馅心细腻，甜润适口</td></tr>
<tr><td>C</td><td>馅心不细腻，甜度适口</td></tr>
<tr><td>D</td><td>粗糙、味差</td></tr>
<tr><td>E</td><td>未答题</td></tr>
<tr><td rowspan="5">4</td><td rowspan="5">火候：火候掌握恰当</td><td rowspan="5">4</td><td>A</td><td>火候掌握恰当</td><td rowspan="5"></td><td rowspan="5"></td><td rowspan="5"></td><td rowspan="5"></td><td rowspan="5"></td><td rowspan="5"></td></tr>
<tr><td>B</td><td>火候掌握一般</td></tr>
<tr><td>C</td><td>火候掌握欠佳</td></tr>
<tr><td>D</td><td>火候没有掌握好</td></tr>
<tr><td>E</td><td>未答题</td></tr>
<tr><td rowspan="5">5</td><td rowspan="5">质感：皮坯很软糯，不粘口</td><td rowspan="5">4</td><td>A</td><td>皮坯很软糯，不粘口</td><td rowspan="5"></td><td rowspan="5"></td><td rowspan="5"></td><td rowspan="5"></td><td rowspan="5"></td><td rowspan="5"></td></tr>
<tr><td>B</td><td>皮坯软糯，不粘口</td></tr>
<tr><td>C</td><td>皮坯一般，不粘口</td></tr>
<tr><td>D</td><td>皮坯不软糯，粘口</td></tr>
<tr><td>E</td><td>未答题</td></tr>
<tr><td rowspan="5">6</td><td rowspan="5">现场操作过程：规范、熟练、卫生、安全范</td><td rowspan="5">3</td><td>A</td><td>符合要求</td><td rowspan="5"></td><td rowspan="5"></td><td rowspan="5"></td><td rowspan="5"></td><td rowspan="5"></td><td rowspan="5"></td></tr>
<tr><td>B</td><td>符合3项要求</td></tr>
<tr><td>C</td><td>符合2项要求</td></tr>
<tr><td>D</td><td>符合1项要求</td></tr>
<tr><td>E</td><td>差或未答题</td></tr>
<tr><td colspan="2">合计配分</td><td>20</td><td colspan="7">合计得分</td><td></td></tr>
</table>

等级	A（优）	B（良）	C（及格）	D（较差）	E（差或未答题）
比值	1.0	0.8	0.6	0.2	0

“评价要素”得分＝配分×等级比值。

第 5 部分

理论知识考试模拟试卷及答案

中式面点师（四级）理论知识试卷

注 意 事 项

1. 考试时间：90 min。
2. 请首先按要求在试卷的标封处填写您的姓名、准考证号和所在单位的名称。
3. 请仔细阅读各种题目的回答要求，在规定的位置填写您的答案。
4. 不要在试卷上乱写乱画，不要在标封区填写无关的内容。

	一	二	总分
得分			

得分	
评分人	

一、判断题（第 1 题～第 60 题。将判断结果填入括号中。正确的填“√”，错误的填“×”。每题 0.5 分，满分 30 分）

1. 麦类制品是面点中制法最多、比重最大、花色繁多、口味丰富的大类制品。（ ）
2. 加入膨松剂调制面团的方法，称为化学膨松法。（ ）
3. 核桃酥、杏仁酥属于油酥面团中的单酥。（ ）

4. 我国的北方地区盛产籼米。（ ）

5. 构成蛋白质的元素主要有氮、氧、磷、碳、硫、氢等。（ ）

6. 某些氨基酸在体内没有解毒作用。（ ）

7. 1 g蛋白质在体内生理氧化后可产生4 kcal热量。（ ）

8. 如果将两种以上的食物混合食用或先后食用，食物中的蛋白质就可以形成互补作用。（ ）

9. 蛋白质的主要食物来源是海产品。（ ）

10. 维生素是一类小分子有机化合物，在体内含量较多，能提供能量。（ ）

11. 因误食而引起的化学性食物中毒也较常见。（ ）

12. 霉菌在0℃以下、30℃以上时，产毒能力减弱或不能产毒。（ ）

13. 禽流感病毒，对人体不会传染。（ ）

14. 不食用受黄曲霉素及其毒素污染的食品，是预防霉菌中毒的主要措施。（ ）

15. 使用含铅的容器、工具等饮食品用具时，要注意消毒。（ ）

16. 严格保管农药和化学品，由仓库保管员保管，实行领用登记。（ ）

17. 宴会按档次一般分为高档、中档、低档宴会。（ ）

18. 编组宴席点心成本核算的方法与其他成本核算的方法是相同的。（ ）

19. 马坝油粘米又称为“猫牙粘”。（ ）

20. 桃花米煮出的饭黏性适度，胀性小，油性适中。（ ）

21. 香粳米产于上海青浦区和松江区，是水稻中的名贵品种。（ ）

22. 万年贡米的特点是：粒大体圆，色白如玉。（ ）

23. 麦粒是由皮层、糊粉层和胚芽几部分组成。（ ）

24. 糊粉层中除含有较多的纤维素外，还含有蛋白质、维生素和脂肪，营养价值较高。（ ）

25. 蟹只有湖蟹、海蟹之分。（ ）

26. 海参是一种哺乳性海洋动物。（ ）

27. 韭菜水饺，韭菜要用盐腌制一下，挤干水再拌。（ ）

28. 常用于制馅的干菜类原料有木耳、蘑菇、南瓜、海带等。（ ）

29. 杏仁食用过量也不会引起食物中毒。（　）

30. 白果优质品种有佛指和梅核两种。（　）

31. 板栗主要产区在我国南方等地。（　）

32. 蜜饯分带汁和不带汁的两种。（　）

33. 促进酵母菌的繁殖是蛋品在面点中的作用之一。（　）

34. 小苏打，俗称“食粉”，学名碳酸氢氨。（　）

35. 压榨鲜酵母，就是依士粉。（　）

36. 芝麻油在馅心调制中起重要的调味作用。（　）

37. 豆沙锅饼是冷水调制的面团。（　）

38. 温水面主坯介于冷水面团和热水面团之间，色泽较暗。（　）

39. 制作菜包、肉包采用的是酵母膨松法。（　）

40. 化学膨松法的基本原理是水分的变化和色泽的变化。（　）

41. 皮冻在熬制过程中，应用大火长时间加热，把汤水中的鲜味吸入皮冻。（　）

42. 甜心原料以碎小为好，一般分为泥蓉和碎粒两种。（　）

43. 腰果馅制作方法，须将腰果用温水氽热，板油切丁，掺入糖粉拌制。（　）

44. 青团的成形方法有擀制法、包搓法、滚粘法。（　）

45. “按”的方法很简单，只要用力按挤就可以。（　）

46. “拧”是面点制作的基础动作之一，是非常简单的成形方法。（　）

47. 水烙，就是在烙制点心时，锅底加水，将生坯贴在锅的边缘，使点心成熟。（　）

48. 牛肉煎包是利用水油煎成熟的点心。（　）

49. 枣泥拉糕是苏州代表品种。（　）

50. 北京烤鸭是半菜半点品种。（　）

51. 新鲜的蔬果是有生命的有机体，也是一类易腐坏的原料。（　）

52. 干货包装应具有良好的防御性，以用包装纸包装较好。（　）

53. 食用油脂的变质主要是氧化。（　）

54. 存放食盐，要避免用金属器皿。（　）

55. 便宴是一种比较简易的正式宴会。（　）

56. 冷餐会也称酒会。（ ）

57. 艺术是用形象来反映现实。（ ）

58. 对比色是指黑色与白色。（ ）

59. 图案是造型艺术的重要内容之一。（ ）

60. 在色调处理中，还要考虑到食用原料的多样化选择、口味的精美，以及利用色剂达到色调的要求。（ ）

得分	
评分人	

二、单项选择题（第1题～第140题。选择一个正确的答案，将相应的字母填入题内的括号中。每题0.5分，满分70分）

1. 无锡“王星记”经营的（ ）全国闻名。

A. 水饺　B. 馄饨　C. 面　D. 烧饼

2. 上海五芳斋以经营（ ）而著名。

A. 粽子　B. 馒头　C. 小笼　D. 汤包

3. 面点制品是人们生活必需的，它具有较高的（ ）价值。

A. 营养　B. 食用　C. 使用　D. 观赏

4. 菜肴与面点两者密切关注，互相配合，形成了（ ）关系。

A. 邻里　B. 同事　C. 不可分割　D. 紧密

5. 吃北京烤鸭，除了跟甜面酱，还要跟上（ ）等。

A. 炒菜　B. 热酒　C. 白酒　D. 荷叶饼

6. 各种馒头、包子、糕、饼等点心为消费提供了方便（ ）。

A. 食品　B. 实惠　C. 早餐　D. 快捷

7. 面点具有食用方便，便于（ ）的特点，受到人们欢迎。

A. 收藏　B. 携带　C. 吃饱　D. 消费

8. 热水面团的水温是（ ）℃。

A. 30～70　B. 40～80　C. 50～90　D. 60～100

9. 以下食物中，（ ）属于完全蛋白质。

A. 蔬菜　　B. 蛋类　　C. 水果　　D. 家畜

10. 构成人体蛋白质的最基本单位是（　）。

A. 蛋氨酸　　B. 氨基酸　　C. 亮氨酸　　D. 色氨酸

11. 蛋白质中有20多种氨基酸，其中有（　）种人体内不能合成，必须从食物中供给。

A. 6　　B. 2　　C. 4　　D. 8

12. 人体缺乏蛋白质，肝脏功能会受到（　）。

A. 破坏　　B. 伤害　　C. 损害　　D. 影响

13. 每克蛋白质在体内氧化可生成热能（　）kJ。

A. 16.7　　B. 18.7　　C. 12.7　　D. 14.7

14. 蛋白质在人体细胞中的含量仅次于水，约占细胞干重的（　）以上。

A. 70%　　B. 60%　　C. 50%　　D. 40%

15. 如果将（　）种以上的食物混合食用，食物中的蛋白质就可以互相补充。

A. 8　　B. 10　　C. 2　　D. 12

16. 必需氨基酸是人体中不能合成的，必须有（　）蛋白质来供给。

A. 完全　　B. 其他　　C. 半完全　　D. 食物

17. 日常膳食中所摄取的蛋白质主要是由（　）、蛋类、肉类、大豆及米、麦登。

A. 鱼类　　B. 乳类　　C. 水果类　　D. 干果类

18. 成人每日约需（　）g蛋白质。

A. 100　　B. 60　　C. 80　　D. 120

19. 维生素B_1在（　）中含量最高。

A. 麦麸　　B. 麦芽糖　　C. 麦胚乳　　D. 麦淀粉

20. 维生素PP的需要量随能量的供给而变化，一般为（　）mg/kJ。

A. 0.015　　B. 0.15　　C. 1.5　　D. 1.15

21. 维生素C缺乏可引起（　）。

A. 脚气病　　B. 坏血病　　C. 软骨病　　D. 血小板减少

22. 脂肪名为甘油三酯，又称（　）脂肪。

A. 中性　　B. 低性　　C. 高性　　D. 超高性

23. 脂肪酸是组成脂肪的（　　），在确定脂肪性质上有很大关系。

A. 来源　　B. 重要物质　　C. 物质　　D. 不可缺少

24. 不饱和脂肪酸，在常温下多为液态，麻油、豆油、（　　）等植物油类含不饱和脂肪酸多。

A. 橄榄油　　B. 麦淇淋　　C. 酥皮油　　D. 奶油

25. 按脂肪酸结构分类，可分为（　　）和不饱和脂肪酸。

A. 饱和脂肪酸　　B. 必需脂肪酸

C. 非必需脂肪酸　　D. 非饱和脂肪酸

26. 每克脂肪在体内氧化可产生（　　）kJ 热量。

A. 30　　B. 36　　C. 37.7　　D. 37

27. 脂肪的生理功用，是可以（　　）。

A. 提供氧分　　B. 供给能量　　C. 减少热量　　D. 降低热量

28. 一般认为从脂肪中摄取的热量应占膳食热能的（　　）。

A. 15％～20％　　B. 20％～25％

C. 25％～30％　　D. 30％～35％

29. 黄花菜食用（　　），也会引起食物中毒。

A. 以后　　B. 过多　　C. 过生　　D. 偏量

30. 有毒的植物性食物中毒，常见的有（　　）中毒。

A. 萝卜　　B. 瓜果　　C. 青菜　　D. 马铃薯

31. 所有中毒病人都在相同或相近的时间食用过（　　）有毒食物。

A. 两种　　B. 同一种　　C. 同类　　D. 几种

32. 副溶血性弧菌食物中毒属（　　）食物中毒。

A. 细菌性　　B. 有毒的化学物

C. 霉菌性　　D. 有毒的动植物

33. 每年的夏、（　　）最容易发生细菌性食物中毒。

A. 春季　　B. 冬季　　C. 秋季　　D. 秋、冬季

34. 病源菌约在（　　）℃时，最适宜生长或产毒。

A. 10～15　　B. 15～20　　C. 20～25　　D. 25～40

35. 防止食品霉变，主要是控制储存的温度和（　　）。

A. 时间　　B. 湿度　　C. 空间　　D. 隔层

36. 动物性食品应置（　　）℃以下的低温处储存。

A. 13　　B. 12　　C. 11　　D. 10

37. 粮食在储存中最容易受（　　）、蛾类等虫类侵害。

A. 蝇类　　B. 甲虫类　　C. 蟑类　　D. 毛毛虫类

38. 禽流感病毒，除了对禽类进行传染，对人群也会引起（　　）。

A. 感染　　B. 过敏　　C. 伤害　　D. 传染

39. 配套点心成本核算的方法，实际上是对某套点心所用（　　）的计算，使厨房制作此套点心实际用料的成本。

A. 原材料成本　　B. 辅料成本　　C. 主料成本　　D. 调料成本

40. 编组宴席点心是指将面点品种和与之相搭配的（　　）编为一组，同时上席的一类电信。

A. 菜肴　　B. 点心　　C. 菜点　　D. 宴席

41. 面点成品的销售价格是由耗用原料的成本、营业费用、税金和（　　）四部分构成。

A. 毛利　　B. 利息　　C. 利润　　D. 毛利率

42. 成本构成三要素分别是主料、配料、（　　）。

A. 燃料　　B. 皮料　　C. 馅料　　D. 调料

43. 马坝油因谷形（　　）如猫牙齿，故又名“猫牙粘”。

A. 长粒　　B. 长圆　　C. 细长　　D. 粗长

44. 桃花米产于（　　）宜汉县峰城区桃花乡。

A. 重庆市　　B. 贵州省　　C. 四川省　　D. 云南

45. 江苏常熟的血糯又称（　　）、红血糯。

A. 鸡血糯　　B. 鸽血糯　　C. 鸭血糯　　D. 鹅血糯

46. 荞麦古称乌麦、花荞，荞麦子粒呈（　　）。

A. 三角形　　B. 圆形　　C. 扁圆形　　D. 长圆形

47. 面粉按加工精度、（　　）、含肤量的高低来划分其等级。

A. 新鲜度　　B. 色泽　　C. 口味　　D. 特点

48. 商务部批准的行业标准专用粉共（　　）种。

A. 12　　B. 10　　C. 8　　D. 6

49. 面粉中糖类含量最多，占（　　）。

A. 50％～60％　　B. 60％～70％

C. 70％～80％　　D. 80％～90％

50. 淀粉在一定温度下吸水，显示（　　），组成面胚。

A. 胶体蛋白　　B. 谷蛋白质

C. 胶体的性质　　D. 糖淀粉性质

51. 糖类成熟和加热后的焦化作用，能使成品表面成为金黄色或棕红色，从而起到（　　）。

A. 发酵作用　　B. 着色作用　　C. 甜味作用　　D. 松软作用

52. 在发酵面主坯中，蛋白质吸水形成面筋，可利用其（　　），包括膨胀的二氧化碳气体，使气体不外溢。

A. 柔软性　　B. 延伸性　　C. 弹性　　D. 韧性

53. 在冷水面主坯中，蛋白质吸水形成的面筋，可使面坯（　　），具有弹性、韧性和延伸性。

A. 面筋坚硬　　B. 面筋柔软　　C. 质地坚硬　　D. 质地柔软

54. 面粉中蛋白质含量约占（　　）。

A. 12％　　B. 10％　　C. 8％　　D. 6％

55. 粮食类淀粉色（　　）、性软、有光泽。

A. 较白　　B. 较黄　　C. 较暗　　D. 很白

56. 按西藏人的习惯，整粒青稞可以（　　）。

A. 酿酒　　B. 煮饭　　C. 煮粥　　D. 做粑粑

57. 木薯原产于南美洲，可分为（　　）和青茎两种。

A. 黄茎　　B. 绿茎　　C. 白茎　　D. 红茎

58. 木薯不可生食，由于木薯胶质较多，不易消化，（　　）不宜食用。

A. 儿童　　B. 老人　　C. 体弱者　　D. 肠胃病患者

59. 薏米学名薏苡，又叫苡仁、（　　）。

A. 白玉米　　B. 黄玉米　　C. 杂色玉米　　D. 药玉米

60. 用海参制馅前，需先泡发，（　　），洗净泥沙，再切丁调味。

A. 开肠破肚　　B. 开腹去皮　　C. 开腹去肠　　D. 开腹去腮

61. 海米也称（　　）。

A. 虾皮　　B. 虾球　　C. 开洋　　D. 虾粒

62. 制馅时，海米必须先放入碗内加水或加黄酒（　　）。

A. 蒸熟　　B. 煮熟　　C. 去腥　　D. 浸泡

63. 干贝是（　　）闭壳肌的干制品。

A. 赤贝　　B. 扇贝　　C. 腰贝　　D. 海贝

64. 芹菜水饺，芹菜要（　　），挤干水分，再拌肉，这样有清香。

A. 用盐腌制　　B. 脱水　　C. 烧熟　　D. 摘洗

65. 用于制作馅心的新鲜蔬菜种类较多，一般应有以下特点：（　　），含水量大。

A. 色黄　　B. 碧绿　　C. 鲜嫩　　D. 有特殊香味

66. 琼脂有条状、（　　）、粉粒状。

A. 糕状　　B. 饼状　　C. 丝状　　D. 片状

67. 明胶可吸收相当于其质量（　　）倍的水。

A. 5～10　　B. 10～15　　C. 15～20　　D. 20～25

68. 组成明胶的蛋白质中含有18种氨基酸，其中（　　）种为人体所必需。

A. 9　　B. 8　　C. 7　　D. 6

69. 蔗糖在面点中具有改善点心（　　），美化点心外观的作用。

A. 弹性　　B. 色泽　　C. 甜味　　D. 黏性

70. 饴糖的主要作用是使制品具有光泽，（　　）。

A. 使制品结实　　B. 使制品有黏性
C. 使制品膨松　　D. 增加制品柔软性

71. 盐的渗透作用，可使主坯组织结构变得（　　），使主坯洁白。
A. 富有弹性　　B. 可塑性强　　C. 细密　　D. 延伸性

72. 中式面点工艺中常用的油脂有猪油、植物油、（　　）。
A. 菜油　　B. 豆油　　C. 芝麻油　　D. 黄油

73. 中式面点工艺中常用猪油制作酥皮类、（　　）的点心。
A. 花式类　　B. 单酥类　　C. 杂粮类　　D. 米粉类

74. 植物油凝固点一般较低，面点中主要用于（　　）和作为熟制时的传热媒介。
A. 拌馅　　B. 调面　　C. 和面　　D. 拉面

75. 油脂可使主坯润滑、（　　）或起酥发松。
A. 增加可塑性　　B. 软糯　　C. 分层　　D. 增加韧性

76. 牛乳能提高成品抗（　　）的能力，延长成品的保存期。
A. 老化　　B. 硬化　　C. 膨化　　D. 软化

77. 乳制品可以增加成品的奶香味，使其风味（　　）。
A. 高雅　　B. 清香　　C. 清口　　D. 清雅

78. 蛋黄的乳化性能，可提高成品的抗老化能力，（　　）。
A. 减少松散性　　B. 缩短保存期
C. 延长保存期　　D. 延缓硬化程度

79. 蛋液可以改变主坯的（　　）。
A. 硬度　　B. 颜色　　C. 性能　　D. 韧性

80. 依士粉，含水量在（　　）以下，不易酸败，发酵力强。
A. 19%　　B. 18%　　C. 17%　　D. 16%

81. 用面肥发酵，必须在面团中加入（　　），才能制成成品。
A. 钙　　B. 碱　　C. 矾　　D. 盐

82. 动物油脂比植物油脂涨性（　　）、香味浓。
A. 大　　B. 小

C. 高　　　　D. 以上选项均不正确

83. 面点中常用的调味原料有咸味类、甜味类、（　　）、鲜味类，辣味类、香菜类、油脂类等。

A. 酸甜类　　B. 苦味类　　C. 酸味类　　D. 椒盐类

84. 发酵粉是由一些碱剂、（　　）和添加剂配合而成。

A. 酸剂　　B. 甜剂　　C. 氨剂　　D. 食粉

85. 八宝饭主坯的形态属于（　　）。

A. 颗粒大　　B. 粉粒状　　C. 厚粉状　　D. 团状

86. 面类案形态可分团状、粉粒状、（　　）、固有形态类。

A. 糕状　　B. 稀粉状　　C. 糨糊状　　D. 厚粉状

87. 寿桃、双酿米团，按形态属于（　　）状。

A. 团状　　B. 糕状　　C. 厚粉状　　D. 固有形态

88. 水饺、馄饨、面条属于（　　）面团。

A. 热水　　B. 冷水　　C. 温水　　D. 膨松

89. 鲜肉烧卖、月牙蒸饼是（　　）调制的面团。

A. 冷水　　B. 热水　　C. 温水　　D. 面肥

90. 热水面由于（　　）的膨胀糊化和蛋白质的热变性。

A. 淀粉　　B. 面粉　　C. 支链淀粉　　D. 直链淀粉

91. 温水面主坯的（　　）、韧性、色泽均介于冷水面团主坯与热水面团主坯之间。

A. 弹性　　B. 黏性　　C. 延伸性　　D. 滑爽性

92. 棉花包采用的是（　　）膨松法。

A. 物理膨松法　　B. 化学膨松法　　C. 机械膨松法　　D. 生物膨松法

93. 利用面肥发酵使面坯膨松，这种方法称为（　　）。

A. 化学膨松法　　B. 酵母膨松法　　C. 生理膨松法　　D. 物理膨松法

94. 膨松性主坯内的蛋白质必须是吸水可以形成（　　）的蛋白质。

A. 淀粉　　B. 直链淀粉　　C. 面筋　　D. 支链淀粉

95. 水打馅，讲究薄皮大馅是（　　）面点。

A. 京式　　B. 苏式　　C. 川式　　D. 广式

96. 广式面点的味（　　），具有鲜、滑、爽、嫩、香的特点。

A. 浓　　B. 香醇　　C. 酸甜　　D. 清淡

97. 由于（　　）变化，就出现了甜馅、咸馅、甜咸馅的不同口味品种。

A. 原料　　B. 刀法　　C. 加工　　D. 调味

98. 五仁酥、枣泥酥、莲蓉酥都是因为馅心（　　）不同，形成不同的酥点。

A. 原料　　B. 口味　　C. 调味　　D. 加工刀法

99. 咸馅原料主要有荤、（　　）两类。

A. 家禽类　　B. 水产品　　C. 菌类　　D. 素

100. 生肉馅口味质量要求（　　），肉嫩多卤。

A. 鲜美　　B. 咸淡适宜　　C. 鲜香　　D. 无膻味

101. “抻”是将面团按一定的手法反复抻拉而成形的一种方法，如（　　）。

A. 金鱼饺　　B. 生煎馒头　　C. 银丝卷　　D. 兰花酥

102. “擀”是面点制作的基本技术动作，大多数面点都离不开“擀”这道工序，它主要是用于（　　）。

A. 各式汤团　　B. 各式皮子　　C. 各式糕点　　D. 各式点心

103. “叠”是面点制作中常用的成形方法，（　　）点心就是采用此种成形方法的。

A. 水饺　　B. 小笼包　　C. 荷花酥　　D. 兰花酥

104. “模印”是利用各种食品模具在制成形的方法，所用模具有木质、铜质、（　　）。

A. 纸质　　B. 竹质　　C. 铝质　　D. 玻璃

105. 剪的成形方法通常要配合（　　）、捏等手法。

A. 卷　　B. 包　　C. 擀　　D. 夹

106. “钳”是用花钳等工具在生坯上钳上一定的花形方法，如（　　）。

A. 灯笼包　　B. 荷叶夹　　C. 八宝饭　　D. 梅花饺

107. 成熟的温度由三种因素决定，（　　）、加热的方法、人为控制因素。

A. 温度的高低　　B. 时间的长短　　C. 火候的大小　　D. 火力的大小

108. 加热的温度，就是加热时产生热能的（　　）。

A. 大小　　B. 力度　　C. 强度　　D. 幅度

109. 有效地、能动性地控制好加热过程中的（　），是保证成熟质量的关键。

A. 温度　　B. 时间　　C. 火候　　D. 热传导

110. 由于（　）不同，生坯接触的温度也不同，这是适应成品成熟需要的有效因素。

A. 火力大小　　B. 加热的方法　　C. 人为控制因素　　D. 热传导方法

111. 热能的运用，必须根据各种复杂的（　）因素加以人为的调节。

A. 可变　　B. 不变　　C. 多变　　D. 改变

112. 运用好加热温度，还必须具备（　）个条件。

A. 6　　B. 5　　C. 4　　D. 3

113. 糯米鸡的成形方法是（　）。

A. 滚贴　　B. 镶嵌　　C. 包捏　　D. 叠捏

114. 娥姐粉果的主坯主要是用澄面生粉和（　）。

A. 玉米粉　　B. 米粉　　C. 栗粉　　D. 高粱粉

115. 仙虾饺的成熟方法是（　）。

A. 煮　　B. 炸　　C. 蒸　　D. 煎

116. 苏式面点的特点是选料严谨、（　）、因材施艺、四季有别。

A. 制作精细　　B. 制作精良　　C. 制作烦琐　　D. 制作简单

117. 苏州、无锡的点心口味（　），配色和谐。

A. 趋咸　　B. 偏淡　　C. 趋甜　　D. 偏重

118. 千层油糕是扬州著名的特色品种之一，糕呈白色，半透，层层分清，（　），甜润适口。

A. 松软　　B. 绵软而嫩　　C. 酥松香醇　　D. 松脆可口

119. 蟹黄汤包是（　）名点，皮薄馅多汤饱，鲜美可口。

A. 扬州　　B. 泰州　　C. 苏州　　D. 镇江

120. 黄桥烧饼是由膨松面团和（　）面团组成。

A. 水调面团　　B. 澄粉面团　　C. 酥油面团　　D. 水油面面团

121. 北京面点具有四季分明、（　）、油而不腻、淡而不薄的美誉。

A. 色彩华丽　　B. 色彩绚丽　　C. 色彩华贵　　D. 色彩鲜艳

122. 京式面点炒疙瘩的成熟方法是（　）成熟法。

A. 蒸　　B. 炒　　C. 煮　　D. 复合

123. 冷却肉，是指屠宰后经过冷却，但未经（　）畜禽肉。

A. 低温处理　　B. 低温冷冻　　C. 低温冷藏　　D. 低温速冻

124. 活水产品的保管，主要取决于水中的（　）。

A. 温度　　B. 含氧量　　C. 纯净度　　D. 质量

125. 鲜水产品的保管主要是利用低温保鲜，常用的方法是冰藏法和（　）。

A. 低温法　　B. 冰鲜法　　C. 冷冻法　　D. 冻藏法

126. 鲍鱼、海参经过脱水干制属于（　）制品。

A. 活鲜　　B. 肉类　　C. 干货　　D. 新鲜

127. 动物油脂应（　）保存。

A. 高温　　B. 低温　　C. 恒温　　D. 中温

128. 脱水后的原料能保持一定的（　）状态，使微生物因得不到水分而失去生物活性，达到保藏食物的目的。

A. 运动　　B. 静止　　C. 干燥　　D. 无氧

129. 管理者要根据企业的具体情况，制订相应的（　）计划。

A. 需求　　B. 消耗　　C. 采购　　D. 措施

130. 凡与原始（　）不符或质次价高、腐烂变质的原材料，应拒绝验收。

A. 材料　　B. 收据　　C. 凭证　　D. 制度

131. 如验收中发现问题，应（　）记录，及时向领导反映。

A. 及时　　B. 立即　　C. 如实　　D. 当场

132. 原料的采购制度主要是指采购单据齐全，经济手续清楚，以堵塞采购工作中的各种（　）。

A. 问题　　B. 漏洞　　C. 误差　　D. 差错

133. 凡不设立座位的聚会，均采用（　）服务的形式。

A. 立式　　B. 座式　　C. 跪式　　D. 自助式

134. 立式服务的特点，客人可自由走动，（　　），品茶品点。

A. 自助式　　B. 服务到人　　C. 立式交谈　　D. 自取自吃

135. 服务员托托盘穿梭服务于客人之间，这种服务又称（　　）服务。

A. 温馨　　B. 托让式　　C. 微笑　　D. 礼貌

136. 座式服务要求凡是事先预定的茶会要在客人来到之前，摆设座椅（　　）。

A. 骨盘　　B. 水杯　　C. 味碟　　D. 茶具

137. 国宴是由国家元首或政府首脑在（　　）或宴请他国元首或政府首脑时举行。

A. 中秋节　　B. 元宵节　　C. 五一节　　D. 盛大节日

138. 正式宴会可以安排乐队奏（　　）。

A. 席间乐　　B. 国歌　　C. 会歌　　D. 敲打乐

139. 正式宴会的宴会厅内不能悬挂（　　）。

A. 国画　　B. 山水画　　C. 国旗　　D. 油画

140. 光色即（　　）本来的颜色。

A. 白色　　B. 光源　　C. 原色　　D. 色彩

中式面点师（四级）理论知识试卷答案

一、判断题（第1题～第60题。将判断结果填入括号中。正确的填“√”，错误的填“×”。每题0.5分，满分30分）

1. √　2. √　3. √　4. ×　5. √　6. ×　7. ×　8. √　9. ×
10. ×　11. √　12. √　13. ×　14. √　15. ×　16. ×　17. ×　18. ×
19. √　20. ×　21. √　22. ×　23. ×　24. ×　25. ×　26. ×　27. ×
28. ×　29. √　30. √　31. ×　32. √　33. ×　34. ×　35. ×　36. √
37. √　38. ×　39. √　40. ×　41. ×　42. √　43. √　44. ×　45. ×
46. √　47. √　48. √　49. √　50. √　51. √　52. ×　53. ×　54. √
55. ×　56. √　57. √　58. √　59. √　60. √

二、单项选择题（第1题～第140题。选择一个正确的答案，将相应的字母填入题内的括号中。每题0.5分，满分70分）

1. B　2. A　3. A　4. C　5. D　6. C　7. B　8. D　9. B
10. B　11. D　12. C　13. A　14. C　15. C　16. D　17. B　18. C
19. A　20. C　21. B　22. A　23. B　24. A　25. A　26. C　27. B
28. B　29. C　30. D　31. B　32. A　33. C　34. D　35. B　36. D
37. B　38. D　39. A　40. A　41. C　42. D　43. C　44. C　45. C
46. A　47. B　48. B　49. C　50. A　51. B　52. B　53. D　54. B
55. A　56. A　57. D　58. D　59. D　60. C　61. C　62. D　63. B
64. A　65. C　66. D　67. A　68. C　69. B　70. D　71. C　72. D
73. B　74. A　75. C　76. A　77. D　78. C　79. B　80. A　81. B
82. A　83. C　84. A　85. A　86. C　87. A　88. B　89. B　90. A
91. B　92. B　93. C　94. C　95. A　96. D　97. D　98. A　99. D
100. C　101. C　102. B　103. D　104. B　105. B　106. A　107. D　108. C
109. A　110. B　111. A　112. D　113. B　114. C　115. C　116. A　117. C

118. B　119. D　120. C　121. B　122. D　123. B　124. B　125. D　126. C
127. B　128. C　129. C　130. C　131. C　132. B　133. A　134. C　135. B
136. D　137. D　138. A　139. C　140. B

第6部分

操作技能考核模拟试卷

注 意 事 项

1. 考生根据操作技能考核通知单中所列的试题做好考核准备。

2. 请考生仔细阅读试题单中具体考核内容和要求，并按要求完成操作或进行笔答或口答，若有笔答请考生在答题卷上完成。

3. 操作技能考核时要遵守考场纪律，服从考场管理人员指挥，以保证考核安全顺利进行。

注：操作技能鉴定试题评分表及答案是考评员对考生考核过程及考核结果的评分记录表，也是评分依据。

国家职业资格鉴定

中式面点师（四级）操作技能考核通知单

姓名：

准考证号：

考核日期：

试题 1

试题代码：1.1.1。

试题名称：擀烧卖皮。

考核时间：共 150 min，本试题建议考试时间为 15 min。

配分：10 分。

试题 2

试题代码：2.1.1。

试题名称：炒制三丝馅。

考核时间：共 150 min，本试题建议考试时间为 15 min。

配分：10 分。

试题 3

试题代码：3.1.1。

试题名称：温水面团类点心制作——金鱼饺。

考核时间：共 150 min，本试题建议考试时间为 30 min。

配分：20 分。

试题 4

试题代码：4.1.1。

试题名称：膨松面团类点心制作——素肉包。

考核时间：共 150 min，本试题建议考试时间为 30 min。

配分：20 分。

试题 5

试题代码：5.1.1。

试题名称：油酥面团类点心制作——小鸡酥。

考核时间：共150 min，本试题建议考试时间为30 min。

配分：20分。

试题6

试题代码：6.1.1。

试题名称：米粉面团类点心制作——香麻软枣（奶黄馅）。

考核时间：共150 min，本试题建议考试时间为30 min。

配分：20分。

中式面点师（四级）操作技能鉴定

试　题　单

试题代码：1.1.1。

试题名称：擀烧卖皮。

考试时间：共150 min，本试题建议考试时间为15 min。

1. 操作条件

（1）面粉150 g。

（2）刮板1块。

（3）橄榄杖1根。

（4）水。

2. 操作内容

（1）调制热水调面团。

（2）下剂。

（3）擀皮。

3. 操作要求

（1）规格：6张皮子50 g（总重正负约3 g）。

（2）形态：皮子大小一致，外形圆整，皱纹均匀（6张合格）。

（3）质感：皮子中间厚四边薄，干粉少，花纹美观。

中式面点师（四级）操作技能鉴定

试题评分表及答案

考生姓名：　　　　　　　　　准考证号：

试题代码及名称		1.1.1　擀烧卖皮			鉴定时限			建议为 15 min		
评价要素		配分	等级	评分细则	评定等级					得分
					A	B	C	D	E	
1	分量：6 张皮子 50 g（总重正负约 3 g）	2	A	6 张皮子 50 g（正负约 3 g）						
			B	分量偏重或偏轻（总重正负约 5 g）						
			C	分量过重或过轻（总重正负约 10 g）						
			D	分量重或轻（总重正负约 12 g）						
			E	差或未答题						
2	形态：皮子大小一致，外形圆整，皱纹均匀（6 张合格）	3	A	皮子大小一致，外形圆整，皱纹均匀（6 张合格）						
			B	皮子大小一致，外形圆整，皱纹不均匀（4 张合格）						
			C	皮子大小一致，外形不圆整，皱纹不均匀（3 张合格）						
			D	皮子大小不一致，外形不圆整，皱纹不均匀（2 张合格）						
			E	差或未答题						

续表

<table>
<tr><td colspan="2">试题代码及名称</td><td colspan="3">1.1.1 擀烧卖皮</td><td colspan="3">鉴定时限</td><td colspan="3">建议为 15 min</td></tr>
<tr><td colspan="2" rowspan="2">评价要素</td><td rowspan="2">配分</td><td rowspan="2">等级</td><td rowspan="2">评分细则</td><td colspan="5">评定等级</td><td rowspan="2">得分</td></tr>
<tr><td>A</td><td>B</td><td>C</td><td>D</td><td>E</td></tr>
<tr><td rowspan="5">3</td><td rowspan="5">质感：皮子中间厚四边薄，干粉少，花纹美观</td><td rowspan="5">2</td><td>A</td><td>皮子中间厚四边薄，干粉少，花纹美观（面团软硬适中）</td><td rowspan="5"></td><td rowspan="5"></td><td rowspan="5"></td><td rowspan="5"></td><td rowspan="5"></td><td rowspan="5"></td></tr>
<tr><td>B</td><td>皮子中间略厚四边薄，干粉少，花纹欠佳（面团偏硬）</td></tr>
<tr><td>C</td><td>皮子中间过厚四边不破损，干粉多，花纹不美观（面团偏软）</td></tr>
<tr><td>D</td><td>皮子中间过厚四边破损，干粉多，花纹不美观（面团软）</td></tr>
<tr><td>E</td><td>未答题</td></tr>
<tr><td rowspan="5">4</td><td rowspan="5">现场操作过程：规范、熟练、卫生、安全</td><td rowspan="5">3</td><td>A</td><td>符合要求</td><td rowspan="5"></td><td rowspan="5"></td><td rowspan="5"></td><td rowspan="5"></td><td rowspan="5"></td><td rowspan="5"></td></tr>
<tr><td>B</td><td>符合 3 项要求</td></tr>
<tr><td>C</td><td>符合 2 项要求</td></tr>
<tr><td>D</td><td>符合 1 项要求</td></tr>
<tr><td>E</td><td>差或未答题</td></tr>
<tr><td colspan="2">合计配分</td><td>10</td><td colspan="2">合计得分</td><td colspan="6"></td></tr>
</table>

考评员（签名）：

等级	A（优）	B（良）	C（及格）	D（较差）	E（差或未答题）
比值	1.0	0.8	0.6	0.2	0

“评价要素”得分=配分×等级比值。

中式面点师（四级）操作技能鉴定

试 题 单

试题代码：2.1.1。

试题名称：炒制三丝馅。

考试时间：共150 min，本试题建议考试时间为15 min。

1. 操作条件

（1）肉丝100 g。

（2）笋丝或交白50 g。

（3）香菇丝50 g。

2. 操作内容

（1）肉丝上浆。

（2）炒制三丝。

（3）勾芡、装盘。

3. 操作要求

（1）刀工：原料长短一致，大小均匀，主辅料搭配合理。

（2）色泽：淡金黄色，有光泽。

（3）口味：咸鲜味，馅心嫩滑有香味。

（4）火候：火候掌握恰当（不生、不焦）。

（5）质感：馅心咸淡芡汁适中。

中式面点师（四级）操作技能鉴定

试题评分表及答案

考生姓名：　　　　　　准考证号：

试题代码及名称		2.1.1　炒制三丝馅			鉴定时限			建议为 15 min		
评价要素		配分	等级	评分细则	评定等级					得分
					A	B	C	D	E	
1	刀工：原料长短一致，粗细均匀，主辅料搭配合理	1	A	原料长短一致，粗细均匀，主辅料搭配合理						
			B	原料长短一致，粗细均匀						
			C	粗细不均匀						
			D	刀工差						
			E	未答题						
2	色泽：淡金黄色，有光泽	1	A	淡金黄色，有光泽						
			B	淡金黄色，无光泽						
			C	色泽偏深或偏淡						
			D	色泽过深或过淡						
			E	未答题						
3	口味：咸鲜味，馅心嫩滑有香味	2	A	咸鲜味，馅心嫩滑有香味						
			B	咸鲜味						
			C	略咸或略淡						
			D	过咸或过淡，馅心不嫩滑						
			E	未答题						
4	火候：火候掌握恰当（不生、不焦）	1	A	火候掌握恰当（不生、不焦）						
			B	火候掌握一般（不生）						
			C	火候掌握欠佳（夹生）						
			D	没有掌握好火候（成品稍焦）						
			E	差或未答题						

续表

试题代码及名称		2.1.1 炒制三丝馅			鉴定时限			建议为 15 min		
评价要素		配分	等级	评分细则	评定等级					得分
					A	B	C	D	E	
5	质感：馅心咸淡芡汁适中	2	A	馅心咸淡芡汁适中						
			B	咸淡尚可、芡汁一般						
			C	芡汁厚或薄						
			D	馅心干硬						
			E	未答题						
6	现场操作过程：规范、熟练、卫生、安全	3	A	符合要求						
			B	符合 3 项要求						
			C	符合 2 项要求						
			D	符合 1 项要求						
			E	差或未答题						
合计配分		10	合计得分							

考评员（签名）：

等级	A（优）	B（良）	C（及格）	D（较差）	E（差或未答题）
比值	1.0	0.8	0.6	0.2	0

“评价要素”得分＝配分×等级比值。

中式面点师（四级）操作技能鉴定

试　题　单

试题代码：3.1.1。

试题名称：温水面团类点心制作——金鱼饺。

考试时间：共 150 min，本试题建议考试时间为 30 min。

1. 操作条件

（1）面粉 150 g。

（2）肉馅 100 g。

（3）馅挑 1 根。

（4）擀面杖 1 付。

（5）面刮板 1 块。

2. 操作内容

（1）调制温水面团。

（2）制作金鱼饺。

（3）蒸制金鱼饺。

3. 操作要求

（1）规格：送评金鱼饺 6 只（每只皮坯 12 g、鲜肉馅 8 g）。

（2）色泽：皮坯呈半透明、光洁。

（3）形态：形态逼真，大小均匀（6 只符合标准）。

（4）口味：咸淡适中，馅心嫩滑。

（5）火候：火候掌握恰当（成品不夹生，皮子不粘牙）。

（6）质感：面团软硬适中，皮坯有可塑性。

中式面点师（四级）操作技能鉴定

试题评分表及答案

考生姓名：　　　　　　　　　　准考证号：

试题代码及名称		3.1.1　温水面团类点心制作——金鱼饺			鉴定时限			建议为 30 min		
评价要素		配分	等级	评分细则	评定等级					得分
					A	B	C	D	E	
1	色泽：皮坯呈半透明、光洁	2	A	皮坯呈半透明状、光洁						
			B	皮坯不透明、光洁						
			C	皮坯不透明、不光洁						
			D	皮坯不透明、很不光洁						
			E	未答题						
2	形态：形态逼真，大小均匀（6 只符合标准）	5	A	形态逼真，大小均匀（6 只符合标准）						
			B	形态一般，大小不均匀（5 只符合标准）						
			C	形态欠佳，大小不均匀（4 只符合标准）						
			D	形态差（3 只符合标准）						
			E	差或未答题						
3	口味：咸淡适中，馅心嫩滑	3	A	咸淡适中，馅心嫩滑						
			B	略咸或略淡，馅心不嫩滑						
			C	馅心淡						
			D	馅心咸，馅心硬						
			E	未答题						

续表

<table>
<tr><td colspan="2">试题代码及名称</td><td colspan="3">3.1.1 温水面团类点心制作——金鱼饺</td><td colspan="3">鉴定时限</td><td colspan="3">建议为 30 min</td></tr>
<tr><td colspan="2" rowspan="2">评价要素</td><td rowspan="2">配分</td><td rowspan="2">等级</td><td rowspan="2">评分细则</td><td colspan="5">评定等级</td><td rowspan="2">得分</td></tr>
<tr><td>A</td><td>B</td><td>C</td><td>D</td><td>E</td></tr>
<tr><td rowspan="5">4</td><td rowspan="5">火候：火候掌握恰当（成品不夹生，皮子不粘牙）</td><td rowspan="5">3</td><td>A</td><td>火候掌握恰当（成品不夹生，皮子不粘牙）</td><td rowspan="5"></td><td rowspan="5"></td><td rowspan="5"></td><td rowspan="5"></td><td rowspan="5"></td><td rowspan="5"></td></tr>
<tr><td>B</td><td>火候掌握一般（皮子不粘牙）</td></tr>
<tr><td>C</td><td>火候掌握欠佳（皮子粘牙）</td></tr>
<tr><td>D</td><td>没有掌握好火候（成品夹生）</td></tr>
<tr><td>E</td><td>未答题</td></tr>
<tr><td rowspan="5">5</td><td rowspan="5">质感：面团软硬适中，皮坯有可塑性</td><td rowspan="5">4</td><td>A</td><td>面团软硬适中，皮坯有可塑性</td><td rowspan="5"></td><td rowspan="5"></td><td rowspan="5"></td><td rowspan="5"></td><td rowspan="5"></td><td rowspan="5"></td></tr>
<tr><td>B</td><td>面团软，皮坯无可塑性</td></tr>
<tr><td>C</td><td>面团硬，皮坯无可塑性</td></tr>
<tr><td>D</td><td>面团过硬或过软，皮坯无可塑性</td></tr>
<tr><td>E</td><td>未答题</td></tr>
<tr><td rowspan="5">6</td><td rowspan="5">现场操作过程：规范、熟练、卫生、安全</td><td rowspan="5">3</td><td>A</td><td>符合要求</td><td rowspan="5"></td><td rowspan="5"></td><td rowspan="5"></td><td rowspan="5"></td><td rowspan="5"></td><td rowspan="5"></td></tr>
<tr><td>B</td><td>符合 3 项要求</td></tr>
<tr><td>C</td><td>符合 2 项要求</td></tr>
<tr><td>D</td><td>符合 1 项要求</td></tr>
<tr><td>E</td><td>差或未答题</td></tr>
<tr><td colspan="2">合计配分</td><td>20</td><td colspan="7">合计得分</td><td></td></tr>
</table>

考评员（签名）：

等级	A（优）	B（良）	C（及格）	D（较差）	E（差或未答题）
比值	1.0	0.8	0.6	0.2	0

“评价要素”得分＝配分×等级比值。

中式面点师（四级）操作技能鉴定

试　题　单

试题代码：4.1.1。

试题名称：膨松面团类点心制作——素肉包。

考试时间：共150 min，本试题建议考试时间为30 min。

1. 操作条件

（1）面粉250 g。

（2）酵母、泡打粉适量。

（3）素肉馅（烤麸、木耳、小葱、姜、酱油少许）熟馅150 g。

（4）擀面杖1根。

（5）馅挑1根。

2. 操作内容

（1）调制膨松面团。

（2）制作素肉包。

（3）蒸制素肉包。

3. 操作要求

（1）规格：送评素肉包6只（皮坯30 g、馅心20 g）。

（2）色泽：皮坯洁白、光亮，馅心色淡金黄。

（3）形态：花纹整齐、清晰，馅心居中，收口不漏卤汁，形态一致（花纹在24只以上）。

（4）口味：馅心咸淡芡汁适中，色淡金黄，有香味。

（5）火候：火候掌握恰当（皮坯不暴裂、不粘牙、不缩瘪，6只符合标准）。

（6）质感：皮坯松软、有弹性，醒发适度。

中式面点师（四级）操作技能鉴定

试题评分表及答案

考生姓名：　　　　　　　　准考证号：

试题代码及名称		4.1.1　膨松面团类点心制作——素肉包			鉴定时限		建议为 30 min			
评价要素		配分	等级	评分细则	评定等级					得分
					A	B	C	D	E	
1	色泽：皮坯洁白、光亮，馅心色淡金黄	2	A	皮坯洁白、光亮，馅心色淡金黄						
			B	皮坯黄、无光亮						
			C	皮坯很黄、无光亮						
			D	皮坯色泽灰暗						
			E	差或未答题						
2	形态：花纹整齐、清晰，馅心居中，收口不漏卤汁，形态一致（花纹在 24 只以上）	5	A	花纹整齐，清晰，馅心居中，收口不漏卤汁，形态一致（花纹在 24 只以上）						
			B	外形圆整、不饱满，花纹不整齐、清晰，馅心居中，收口不漏卤汁，形态一致（花纹在 20 只以上）						
			C	外形不圆整、不饱满，花纹不整齐、不清晰，馅心居中，收口不漏卤汁，形态一致（花纹在 18 只以上）						
			D	外形不圆整、不饱满，花纹差，馅心不居中，收口漏卤汁，形态不一致（花纹在 16 只以上）						
			E	差或未答题						

续表

<table>
<tr><td colspan="2">试题代码及名称</td><td colspan="3">4.1.1 膨松面团类点心制作——素肉包</td><td colspan="3">鉴定时限</td><td colspan="3">建议为 30 min</td></tr>
<tr><td colspan="2" rowspan="2">评价要素</td><td rowspan="2">配分</td><td rowspan="2">等级</td><td rowspan="2">评分细则</td><td colspan="5">评定等级</td><td rowspan="2">得分</td></tr>
<tr><td>A</td><td>B</td><td>C</td><td>D</td><td>E</td></tr>
<tr><td rowspan="5">3</td><td rowspan="5">口味：馅心咸淡芡汁适中，有香味</td><td rowspan="5">3</td><td>A</td><td>馅心咸淡芡汁适中，有香味</td><td rowspan="5"></td><td rowspan="5"></td><td rowspan="5"></td><td rowspan="5"></td><td rowspan="5"></td><td rowspan="5"></td></tr>
<tr><td>B</td><td>馅心咸芡汁尚可，有香味</td></tr>
<tr><td>C</td><td>馅心淡芡汁一般</td></tr>
<tr><td>D</td><td>馅心口味较差，无香味</td></tr>
<tr><td>E</td><td>未答题</td></tr>
<tr><td rowspan="5">4</td><td rowspan="5">火候：火候掌握恰当（皮坯不暴裂、不粘牙、不缩瘪，6 只符合标准）</td><td rowspan="5">3</td><td>A</td><td>火候掌握恰当（皮坯不暴裂、不粘牙、不缩瘪，6 只符合标准）</td><td rowspan="5"></td><td rowspan="5"></td><td rowspan="5"></td><td rowspan="5"></td><td rowspan="5"></td><td rowspan="5"></td></tr>
<tr><td>B</td><td>火候掌握一般（皮坯不暴裂、不粘牙，5 只符合标准）</td></tr>
<tr><td>C</td><td>火候掌握欠佳（皮坯开裂、缩瘪，4 只符合标准）</td></tr>
<tr><td>D</td><td>没有掌握好火候（皮坯暴裂、粘牙、夹生，3 只符合标准）</td></tr>
<tr><td>E</td><td>差或未答题</td></tr>
<tr><td rowspan="5">5</td><td rowspan="5">质感：皮坯松软、有弹性，醒发适度</td><td rowspan="5">4</td><td>A</td><td>皮坯松软、有弹性，醒发适度（6 只符合标准）</td><td rowspan="5"></td><td rowspan="5"></td><td rowspan="5"></td><td rowspan="5"></td><td rowspan="5"></td><td rowspan="5"></td></tr>
<tr><td>B</td><td>皮坯松软，无弹性（5 只符合标准）</td></tr>
<tr><td>C</td><td>醒发过度，成品变形（4 只符合标准）</td></tr>
<tr><td>D</td><td>皮坯僵硬、漏馅，不醒发（3 只符合标准）</td></tr>
<tr><td>E</td><td>差或未答题</td></tr>
</table>

续表

试题代码及名称		4.1.1　膨松面团类点心制作——素肉包			鉴定时限			建议为 30 min		
评价要素		配分	等级	评分细则	评定等级					得分
					A	B	C	D	E	
6	现场操作过程：规范、熟练、卫生、安全	3	A	符合要求						
			B	符合 3 项要求						
			C	符合 2 项要求						
			D	符合 1 项要求						
			E	差或未答题						
合计配分		20	合计得分							

考评员（签名）：

等级	A（优）	B（良）	C（及格）	D（较差）	E（差或未答题）
比值	1.0	0.8	0.6	0.2	0

“评价要素”得分＝配分×等级比值。

中式面点师（四级）操作技能鉴定

试　题　单

试题代码：5.1.1。

试题名称：油酥面团类点心制作——小鸡酥。

考试时间：共150 min，本试题建议考试时间为30 min。

1. 操作条件

（1）面粉约300 g。

（2）猪油约150 g。

（3）豆沙馅约150 g。

（4）黑芝麻适量。

（5）剪刀1把。

（6）鸡蛋1只。

（7）擀面杖1根。

（8）水适量。

2. 操作内容

（1）调制油酥面团。

（2）制作小鸡酥。

（3）烤制小鸡酥。

3. 操作要求

（1）规格：送评6只（皮坯20 g、馅心10 g）。

（2）色泽：金黄色。

（3）形态：形态一致，形似小鸡，馅心居中，大小均匀，收口好（6只符合标准）。

（4）口味：馅心细腻光亮，甜润适口。

（5）火候：炉温掌握恰当，不焦或不生。

（6）质感：皮坯软硬适宜，酥层均匀，酥松。

中式面点师（四级）操作技能鉴定

试题评分表及答案

考生姓名：　　　　　　准考证号：

<table>
<tr><td colspan="2">试题代码及名称</td><td colspan="3">5.1.1　油酥面团类点心制作——小鸡酥</td><td colspan="3">鉴定时限</td><td colspan="3">建议为 30 min</td></tr>
<tr><td colspan="2" rowspan="2">评价要素</td><td rowspan="2">配分</td><td rowspan="2">等级</td><td rowspan="2">评分细则</td><td colspan="5">评定等级</td><td rowspan="2">得分</td></tr>
<tr><td>A</td><td>B</td><td>C</td><td>D</td><td>E</td></tr>
<tr><td rowspan="5">1</td><td rowspan="5">色泽：金黄色</td><td rowspan="5">2</td><td>A</td><td>金黄色</td><td rowspan="5"></td><td rowspan="5"></td><td rowspan="5"></td><td rowspan="5"></td><td rowspan="5"></td><td rowspan="5"></td></tr>
<tr><td>B</td><td>色泽较好</td></tr>
<tr><td>C</td><td>色泽一般</td></tr>
<tr><td>D</td><td>色泽较差</td></tr>
<tr><td>E</td><td>未答题</td></tr>
<tr><td rowspan="5">2</td><td rowspan="5">形态：形态一致，形似小鸡，馅心居中，大小均匀，收口好（6 只符合标准）</td><td rowspan="5">4</td><td>A</td><td>形态一致，形似小鸡，馅心居中，大小均匀，收口好（6 只符合标准）</td><td rowspan="5"></td><td rowspan="5"></td><td rowspan="5"></td><td rowspan="5"></td><td rowspan="5"></td><td rowspan="5"></td></tr>
<tr><td>B</td><td>形态一致，大小均匀（4 只符合标准）</td></tr>
<tr><td>C</td><td>形态一般，大小不均匀（3 只符合标准）</td></tr>
<tr><td>D</td><td>形态差，大小不均匀（2 只符合标准）</td></tr>
<tr><td>E</td><td>差或未答题</td></tr>
<tr><td rowspan="5">3</td><td rowspan="5">口味：馅心细腻光亮，甜润适口</td><td rowspan="5">2</td><td>A</td><td>馅心细腻光亮，甜润适口</td><td rowspan="5"></td><td rowspan="5"></td><td rowspan="5"></td><td rowspan="5"></td><td rowspan="5"></td><td rowspan="5"></td></tr>
<tr><td>B</td><td>馅心甜润适口</td></tr>
<tr><td>C</td><td>馅心不细腻，吃口硬</td></tr>
<tr><td>D</td><td>馅心粗糙，味差</td></tr>
<tr><td>E</td><td>未答题</td></tr>
</table>

续表

试题代码及名称		5.1.1　油酥面团类点心制作——小鸡酥		鉴定时限	建议为30 min				
评价要素		配分	等级	评分细则	评定等级				得分
					A	B	C	D	E	
4	火候：炉温掌握恰当，不焦或不生	4	A	炉温掌握恰当，不焦或不生						
			B	炉温掌握一般，不拼酥						
			C	炉温掌握欠佳，成品硬						
			D	没有掌握好炉温，成品稍焦						
			E	差或未答题						
5	质感：皮坯软硬适宜，酥层均匀，酥松	5	A	皮坯软硬适宜，酥层均匀，酥松						
			B	皮坯软硬适宜，酥层不均匀，酥松						
			C	皮坯硬，不够酥松						
			D	皮坯很硬，酥层不均匀，吃口很不酥松						
			E	未答题						
6	现场操作过程：规范、熟练、卫生、安全	3	A	符合要求						
			B	符合3项要求						
			C	符合2项要求						
			D	符合1项要求						
			E	差或未答题						
合计配分		20	合计得分							

考评员（签名）：

等级	A（优）	B（良）	C（及格）	D（较差）	E（差或未答题）
比值	1.0	0.8	0.6	0.2	0

“评价要素”得分＝配分×等级比值。

中式面点师（四级）操作技能鉴定

试　题　单

试题代码：6.1.1。

试题名称：米粉面团类点心制作——香麻软枣（奶黄馅）。

考试时间：共 150 min，本试题建议考试时间为 30 min。

1. 操作条件

（1）糯米粉约 150 g。

（2）奶黄馅 100 g。

（3）糖粉、澄面、猪油等适量。

（4）吉士粉、白芝麻等适量。

（5）面刮板 1 块。

（6）馅挑 1 根。

2. 操作内容

（1）调制米粉面团。

（2）制作香麻软枣。

（3）炸制香麻软枣。

3. 操作要求

（1）规格：送评 6 只（皮坯 20 g、馅心 10 g）。

（2）色泽：淡金黄色。

（3）形态：形态一致，馅心居中，大小均匀，收口好（6 只符合标准）。

（4）口味：吃口松软，有香甜味。

（5）火候：油温掌握恰当（色泽好，外脆里软，形态饱满）。

（6）质感：面团软硬适中，外脆内糯。

中式面点师（四级）操作技能鉴定

试题评分表及答案

考生姓名：　　　　　　　　准考证号：

<table>
<tr><td colspan="2">试题代码及名称</td><td colspan="3">6.1.1　米粉面团类点心制作——
香麻软枣（奶黄馅）</td><td colspan="3">鉴定时限</td><td colspan="3">建议为 30 min</td></tr>
<tr><td colspan="2" rowspan="2">评价要素</td><td rowspan="2">配分</td><td rowspan="2">等级</td><td rowspan="2">评分细则</td><td colspan="5">评定等级</td><td rowspan="2">得分</td></tr>
<tr><td>A</td><td>B</td><td>C</td><td>D</td><td>E</td></tr>
<tr><td rowspan="5">1</td><td rowspan="5">色泽：淡金黄色</td><td rowspan="5">2</td><td>A</td><td>淡金黄色</td><td rowspan="5"></td><td rowspan="5"></td><td rowspan="5"></td><td rowspan="5"></td><td rowspan="5"></td><td rowspan="5"></td></tr>
<tr><td>B</td><td>色泽较好</td></tr>
<tr><td>C</td><td>色泽一般</td></tr>
<tr><td>D</td><td>色泽差</td></tr>
<tr><td>E</td><td>未答题</td></tr>
<tr><td rowspan="5">2</td><td rowspan="5">形态：形态一致，馅心居中，大小均匀，收口好（6只符合标准）</td><td rowspan="5">4</td><td>A</td><td>形态一致，馅心居中，大小均匀，收口好（6只符合标准）</td><td rowspan="5"></td><td rowspan="5"></td><td rowspan="5"></td><td rowspan="5"></td><td rowspan="5"></td><td rowspan="5"></td></tr>
<tr><td>B</td><td>形态一致，大小均匀（4只符合标准）</td></tr>
<tr><td>C</td><td>形态一般，大小不均匀（3只符合标准）</td></tr>
<tr><td>D</td><td>形态差，大小不均匀（2只符合标准）</td></tr>
<tr><td>E</td><td>差或未答题</td></tr>
<tr><td rowspan="5">3</td><td rowspan="5">口味：吃口松软，有香甜味</td><td rowspan="5">2</td><td>A</td><td>吃口松软，有香甜味</td><td rowspan="5"></td><td rowspan="5"></td><td rowspan="5"></td><td rowspan="5"></td><td rowspan="5"></td><td rowspan="5"></td></tr>
<tr><td>B</td><td>吃口软，香甜味</td></tr>
<tr><td>C</td><td>偏甜或偏淡</td></tr>
<tr><td>D</td><td>口味差</td></tr>
<tr><td>E</td><td>未答题</td></tr>
</table>

续表

<table>
<tr><td colspan="2">试题代码及名称</td><td colspan="3">6.1.1　米粉面团类点心制作——
香麻软枣（奶黄馅）</td><td colspan="3">鉴定时限</td><td colspan="3">建议为 30 min</td></tr>
<tr><td colspan="2" rowspan="2">评价要素</td><td rowspan="2">配分</td><td rowspan="2">等级</td><td rowspan="2">评分细则</td><td colspan="5">评定等级</td><td rowspan="2">得分</td></tr>
<tr><td>A</td><td>B</td><td>C</td><td>D</td><td>E</td></tr>
<tr><td rowspan="5">4</td><td rowspan="5">火候：油温掌握恰当（色泽好，外脆里软，形态饱满）</td><td rowspan="5">5</td><td>A</td><td>油温掌握恰当（色泽好，外脆里软，形态饱满）</td><td rowspan="5"></td><td rowspan="5"></td><td rowspan="5"></td><td rowspan="5"></td><td rowspan="5"></td><td rowspan="5"></td></tr>
<tr><td>B</td><td>油温掌握一般（色泽好，外脆里软）</td></tr>
<tr><td>C</td><td>油温掌握欠佳（外不脆）</td></tr>
<tr><td>D</td><td>没有掌握好油温（色泽差，吃口差，形态不饱满）</td></tr>
<tr><td>E</td><td>未答题</td></tr>
<tr><td rowspan="5">5</td><td rowspan="5">质感：面团软硬适中，外脆内糯</td><td rowspan="5">4</td><td>A</td><td>面团软硬适中，外脆内糯</td><td rowspan="5"></td><td rowspan="5"></td><td rowspan="5"></td><td rowspan="5"></td><td rowspan="5"></td><td rowspan="5"></td></tr>
<tr><td>B</td><td>面团软硬适中</td></tr>
<tr><td>C</td><td>偏软或偏硬</td></tr>
<tr><td>D</td><td>吃口差</td></tr>
<tr><td>E</td><td>未答题</td></tr>
<tr><td rowspan="5">6</td><td rowspan="5">现场操作过程：规范、熟练、卫生、安全</td><td rowspan="5">3</td><td>A</td><td>符合要求</td><td rowspan="5"></td><td rowspan="5"></td><td rowspan="5"></td><td rowspan="5"></td><td rowspan="5"></td><td rowspan="5"></td></tr>
<tr><td>B</td><td>符合 3 项要求</td></tr>
<tr><td>C</td><td>符合 2 项要求</td></tr>
<tr><td>D</td><td>符合 1 项要求</td></tr>
<tr><td>E</td><td>差或未答题</td></tr>
<tr><td colspan="2">合计配分</td><td>21</td><td colspan="7">合计得分</td><td></td></tr>
</table>

考评员（签名）：

等级	A（优）	B（良）	C（及格）	D（较差）	E（差或未答题）
比值	1.0	0.8	0.6	0.2	0

“评价要素”得分＝配分×等级比值。